ALLE ZEIT WACH
SP
1842

Peter Uwe Witte · Heinrich Matthaei

Mikrochemische Methoden für neurobiologische Untersuchungen

Mit 7 Abbildungen und zahlreichen Formeln

Springer-Verlag
Berlin Heidelberg New York 1980

Dr. rer. nat. Dr. med. PETER UWE WITTE
An der Landwehr 32, 6239 Kriftel/Taunus
(früher: Max-Planck-Institut für experimentelle Medizin, Göttingen)

Professor Dr. rer. nat. HEINRICH MATTHAEI
Abteilung Molekulare Genetik
Max-Planck-Institut für experimentelle Medizin
Hermann-Rein-Straße 3, 3400 Göttingen

CIP-Kurztitelaufnahme der Deutschen Bibliothek
Witte, Peter Uwe:
Mikrochemische Methoden für neurobiologische Untersuchungen / Peter Uwe Witte; Heinrich Matthaei. –
Berlin, Heidelberg, New York: Springer, 1979.

ISBN-13: 978-3-540-09784-6 e-ISBN-13: 978-3-642-67496-9
DOI: 10.1007/978-3-642-67496-9

NE: Matthaei, Heinrich:

2131/3130-543210

Dem dankbaren Andenken an

Feodor Lynen

gewidmet, ohne dessen Förderung
auch dieses Buch nicht entstanden wäre

Vorwort

Auch und gerade in der Neurobiologie liegen die meisten großen Aufgaben auf interdisziplinären Gebieten; zu ihrer Erfüllung werden großenteils Kenntnisse und Methoden einer ganzen Reihe von Einzelwissenschaften benötigt. Im Laboratorium der Autoren wurden in den letzten Jahren Methoden für einen sowohl zellbiologisch-genetischen als auch verhaltensbiologisch-biochemischen Ansatz zu einer Psychoneurobiologie bereitgestellt, verfeinert oder auch neu entwickelt. Da sich mit einem solchen Rüstzeug viel mehr Probleme lösen lassen als irgendeine Abteilung bearbeiten könnte, schien eine Veröffentlichung der Methodensammlung sinnvoll. Dabei konnten die zellbiologischen Methoden nur soweit einbezogen werden, wie sie für neurochemische Arbeiten von allgemeinerer Bedeutung sind.

Es handelt sich um 38 Vorschriften zur Messung von Enzymaktivitäten bzw. zur Bestimmung von Neurotransmittern. Alle sind der Literatur entnommen; jedoch sind sie sorgfältig überarbeitet, zum Teil verbessert und in ihrer Empfindlichkeit gesteigert worden. Besonderen Wert wurde auf Genauigkeit und Reproduzierbarkeit gelegt. Für 17 weitere Bestimmungsmethoden wurden Literaturhinweise angegeben. Bei den meisten Vorschriften wurden alternative Möglichkeiten zitiert. Wegen ihrer höchsten Empfindlichkeit wurden in der Regel die radiochemischen Verfahren ausführlich beschrieben.

Biologen und Mediziner werden laborgerechte Beschreibungen dieser biochemischen Mikromethoden schätzen. Für viele biochemisch vorgebildete Benutzer dürfte es nützlich sein, in Teil A über Probenentnahme, -aufbereitung und -kultur, also die mehr biologisch-medizinische Seite des experimentellen Vorgehens, genauere Angaben zu finden. Dieser Teil enthält nicht nur viele eigene Erfahrungen, sondern auch neue Entwicklungen und Systeme, die in Verbindung mit mikrochemischen Bestimmungsmethoden zahlreiche Fragestellungen zugänglich machen. Erwähnt seien die apparativ erleichterten Verfahren zur Gewinnung von Hirnschnitten und von Stanzlingen daraus, sowohl zur Analyse von gefrorenem Gewebe wie zur Kultur einzelner Kerngebiete, die Gewinnung und Kultur von chromaffinen Zellen des Nebennierenmarkes, aber auch bewährte histologische Färbetechniken, der Fluoreszenznachweis von biogenen Aminen sowie die Lupen- und Mikrophotographie für die Erstellung eines Stanzatlas der zu untersuchenden Gehirne. Zitate weiterer wichtiger Verfahren ergänzen auch diesen Teil. Im Teil B wurden allgemeine Hinweise für die Durchführung der Bestimmungsmethoden zusammengefaßt, Apparate genannt und auch Rechenbeispiele für die Auswertung gegeben. Ein alphabetisches Verzeichnis der beschriebenen und zitierten Methoden findet sich am Schluß.

Die Autoren hoffen, daß diese Auswahl u.a. dazu nützlich sein wird, um die nötigen Erfahrungen zu gewinnen, die zur Entwicklung wiederum feinerer Methoden erforderlich sind; z.B. um zu jenem zeitlichen und räumlichen Auflösungsvermögen zu gelangen, das uns heute noch fehlt, um mit biochemischen Mitteln die Schaltkreise aufzuzeigen, die etwa bei einer momentanen psychischen oder sonstigen zerebralen Aktivität in Aktion sind. Ein solches Buch kann nicht die großen methodischen Handbücher ersetzen; es will vielmehr gerade durch eine begrenzte aber vielseitige Auswahl besonders zukunftsträchtiger Methoden am einzelnen Arbeitsplatz von Nutzen sein.

Die Einführung in die bisherigen manuellen Stanzmethoden verdanken wir Dr. Julius Axelrod und seinen Kollegen, besonders Dr. Juan Saavedra und Dr. D.M. Jacobowitz am N.I.H. in Bethesda, MD., USA. Dank schulden wir allen Ratgebern, die zur weiteren Entwicklung dieser Methoden beigetragen haben, insbesondere Herrn und Frau Dr. Novotny (Institut für Neuroanatomie der Universität Göttingen), Herrn Prof. Thimm (Max-Planck-Institut für experimentelle Medizin, Göttingen), Herrn Parchen und Herrn Dr. Weber (Fa. Zeiss) und Herrn Prof. Wolff (Max-Planck-Institut für biophysikalische Chemie, Göttingen). Besonders dankbar sind wir unseren Mitarbeitern für die Erlaubnis, ihre z.T. noch unveröffentlichten Erfahrungen mitzuteilen, so Frau Dr. R. Böhm, Herrn Dr. E. Buse, Herrn Th. Fürste und Frau Dr. Ch. Marschall; schließlich danken wir unseren Assistentinnen Fräulein K. Eckert und Frau J. Hagedorn für akkurate und treue Mitarbeit, unseren Feinmechanikern, den Herren G. Lüllemann, K.-H. Hille und H.-O. Heise für ihre prompten und qualifizierten Beiträge, Frau E. Hadacker für ihre Mühe und Geduld beim Schreiben des Manuskriptes sowie Herrn Dr. Czeschlik vom Springer-Verlag für Ermutigung und Verständnis.

Peter Uwe Witte
Heinrich Matthaei

Inhaltsverzeichnis

D. Literaturhinweise für weitere Bestimmungsmethoden

Abkürzungen

^{14}C	Kohlenstoffisotop mit dem Atomgewicht 14
Ci	Curie
cpm	counts per minute
dpm	disintegrations per minute
g	Gramm
^{3}H	Wasserstoffisotop mit dem Atomgewicht 3
^{125}J	Jodisotop mit dem Atomgewicht 125
l	Liter
m	Milli- (10^{-3})
M	molar (Mol/l)
MG	Molgewicht
min	Minute
n	Nano- (10^{-9})
N	normal
p	Pico- (10^{-12})
^{32}P	Phosphorisotop mit dem Atomgewicht 32
PPN	Polypropylen
PPO	2.5-Diphenyloxazol
R_F	Ratio of front
RIA	Radioimmunoassay
sec	Sekunde
μ	Mikro- (10^{-6})
U/min	Umdrehungen pro Minute
v/v	volume/volume
w/v	weight/volume

A. Methoden der Probenentnahme, -aufbereitung und -kultur

1. Entnahme des Gehirns und dessen Zerlegung in Teile

1.1 Gehirn

Die Tiere werden bis zur Erzeugung von Bewußtlosigkeit, z.B. durch Unterbrechung des Rückenmarkes im Bereich der Halswirbel, möglichst wenig beunruhigt. Man bringt sie einzeln, tunlich in ihrem gewohnten Käfig an den Ort der Tötung. Dieser Arbeitsplatz darf keine Blutspuren aufweisen, wenn beispielsweise Ratten nicht (durch Geruch) aufgeregt werden sollen. Man greift die Tiere in der ihnen gewohnten Weise. Ein ruhiger Experimentator kann Aufregung des Tieres weitestgehend vermeiden, was nicht nur für das Opfer sondern in vielen Fällen auch für die Reproduzierbarkeit des Versuchsergebnisses von Vorteil ist.

Die Unterbrechung des Rückenmarkes kann z.B. durch plötzlichen Schlag mit einer großen Schere (Abb.1, Nr.1) von dorsal im Bereich der Halswirbelsäule und durch anschließendes Abschneiden des Kopfes mit dem gleichen Instrument erfolgen; oder der Kopf wird bis zum Hals ruhig durch eine Guillotine geschoben und unverzüglich abgetrennt. Man schneidet mit einer Schere (Nr.2 oder 7) die Kopfhaut über der Sagittalnaht (oder über den seitlich zu führenden Knochenschnitten) von hinten bis über das Nasenbein

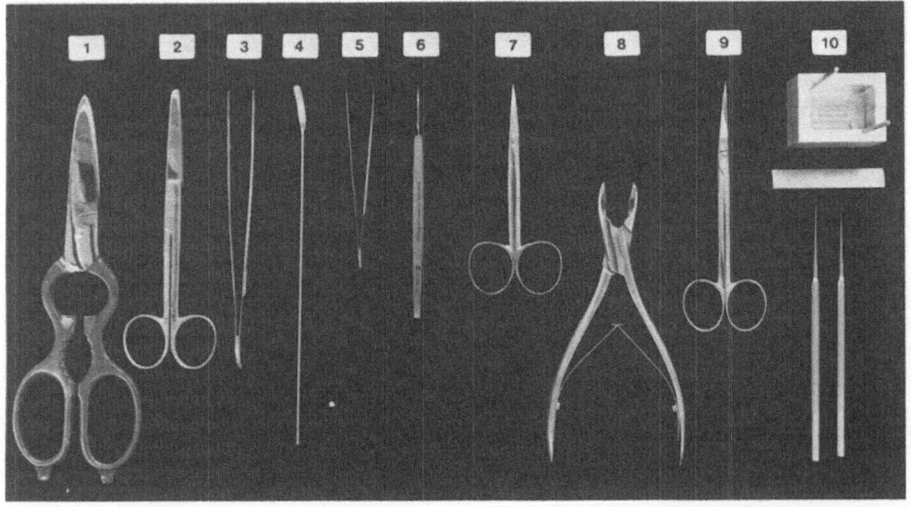

Abb. 1. Besteck für Entnahme, Sektion und Umbettung des Gehirns von Kleinsäugern (vgl. Text)

auf und zieht die beiden Kopfhautlappen nach rechts und links zur Seite . Etwa vorhandene Reste der Wirbelsäule sind zu entfernen. Dann werden mit einer langhebeligen feineren Schere (Nr.7) vom Hinterhauptsloch beginnend entlang den Knochennähten zwei seitliche Schnitte bis über die Augen geführt. Und nun wird das Schädeldach mit einer kräftigen stumpfen Pinzette (Nr.3) in einem Zuge von hinten bis zum Nasenbein aufgeklappt und abgerissen. Für schnelle Isolierung wird das Hirn mit einem unter dem Ansatz der Riechlappen von der Seite der Großhirnrinde her eingeführten gebogenen Spatel (Nr.4) herausgehoben. Die Sehnerven werden mit einer spitzen Pinzette (Nr.5) oder gebogenen Schere (Nr.9) durchgetrennt. Dieses Verfahren kann für Zwecke, wo z.B. nur der Hypothalamus gebraucht wird, noch abgekürzt werden.

Für anatomisch-histologische Zwecke wird man dagegen behutsamer vorgehen: Dann wird der Kopf zunächst für das Öffnen der Schädelkapsel bis über das Nasenbein in "Bauchlage" auf einem Brett festgelegt. Um die einzelnen Hirnnerven mit einer feinen gebogenen Schere (Nr.9) hinten beginnend abzuschneiden, kann man das

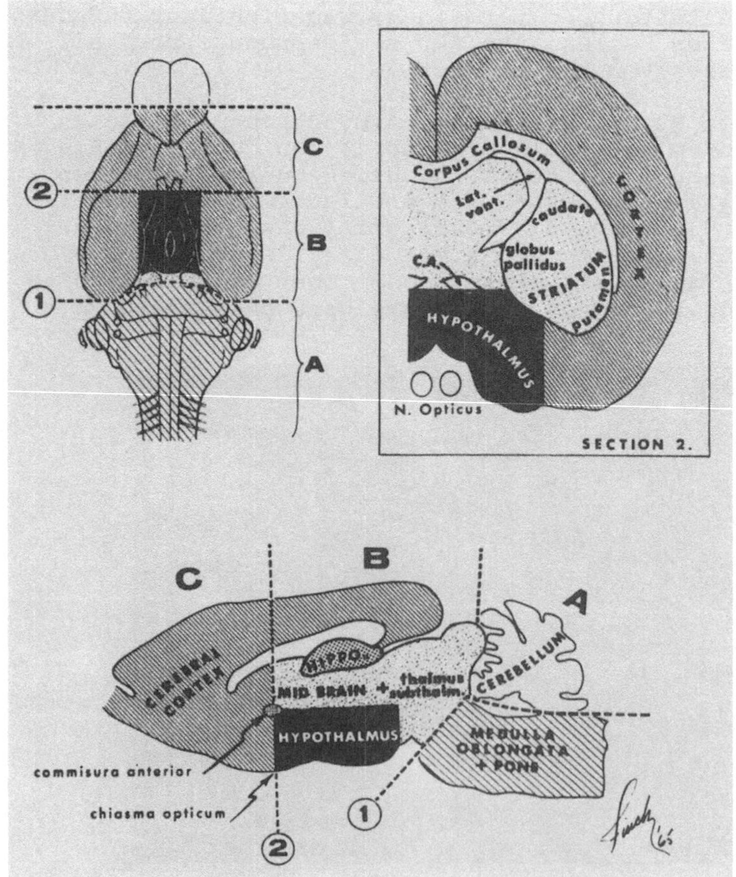

Abb. 2. Schema zur Sektion des Rattenhirnes nach Glowinski und Iversen (vgl. Text)

Hirn darauf bei umgekehrter Haltung nach dorsal etwas heraushängen lassen. Nach behutsamer Loslösung der Lobi olfactorii wird es für orientierte Gefrier- oder Vibratomschnitte z.B. mit der Scheitelseite nach unten in einem zu 3/4 gefüllten Umbettungstrog (Nr.10 und Abb.3a) aufgenommen und darin mit Präpariernadeln nach einem Lineal ausgerichtet (s.u.). Soll die Hypophyse mitgewonnen werden, ist die Schädelbasis vor dem Abtrennen der Hirnnerven in der Medianebene mit einer Zange (Nr.8) aufzuknacken. Für sonstige Weiterverarbeitung, insbesondere biochemische Analytik, wird man das Hirn meist nach schneller Entnahme sofort in eiskaltem Homogenisierpuffer abkühlen. Sterile Entnahme wird unter A.5.2 beschrieben.

1.2 Hirnteile

Glowinski J, Iversen LL (1966) Regional studies of catecholamines in the rat brain. J Neurochem 13:655-669

Sieben Hirnteile werden häufig für gröbere Lokalisierungen präpariert (vgl. Abb.2). Dazu wird das Hirn mit seiner Scheitelfläche auf eine eisgekühlte Metallplatte gelegt und z.B. bei der Ratte mit einem augenärztlichen Skalpell (Nr.6) seziert. Man trennt durch einen diagonalen Schnitt das Rhombencephalon (A) ab und zerlegt es in das *Cerebellum* und die *Medulla oblongata* mit der Pons. Durch einen zweiten, auf Höhe des Chiasma opticum geführten Diagonalschnitt erhält man die vorderen Teile des *Cortex cerebri* (C). Aus dem Mittelstück (B) wird entsprechend der frontalen und sagittalen Ansicht in Abb.2 der *Hypothalamus* herausgeschnitten; dabei dient die Commissura anterior als horizontale und die Furche zwischen den Corpora mammillaria und dem hinteren Hypothalamus als caudale Begrenzung. Das *Striatum* (Putamen, Nucleus caudatus, Globus pallidus) wird mit den äußeren Wänden des Seitenventrikels als innerer und der Innengrenze des Corpus callosum als äußerer Grenzfläche herausgetrennt. Der vordere Teil des Striatums wird aus dem vorderen Stück (C) von der Großhirnrinde abgelöst und mit dem hinteren Teil des Striatums vereinigt. Aus dem Mittelstück werden die restlichen Teile des *Mittelhirns* (einschließlich des Thalamus und Subthalamus) herausgeschnitten; davon ist noch der dorsal liegende *Hippocampus* abzutragen. Es bleiben die hinteren und seitlichen Teile des Cortex, die mit den vorderen vereinigt werden.

2. Arbeiten unter Narkose

Bei der Entnahme von neuronalen Geweben wie Gehirn, Ganglien oder Paraganglien (z.B. Nebennieren) sowie von Embryonen ist es von grundlegender Bedeutung, frisch durchblutetes Material zu erhalten. Ferner ist es wichtig, vor der Tötung jede Aufregung zu vermeiden, die z.B. zur Verminderung (Ausschüttung) der eventuell zu untersuchenden Transmittersubstanzen führen kann. Aus diesen Gründen kommt es in Betracht, die erwünschten Organe unter Narkose zu entnehmen.

Am Tag vor der Organentnahme wird beim Kaninchen eine Braunüle (Lok, Ø 0.80 mm, Art. Nr. 422508/2, Braun, Melsungen) in eine Ohrvene gelegt und mit Heftpflaster gut befestigt. Bei starker Behaarung sollte das Ohr rasiert werden; sowohl zur Sterilität wie auch zum besseren Hervortreten der Vene reibt man das Ohr auf der Außenseite mehrfach mit 70% Alkohol. Der Einstich erfolgt nach dem Antrocknen. Um die Gerinnung von venösem Blut zu vermeiden, wird die Braunüle mit verdünntem Liquemin gefüllt (2 ml 0.95% NaCl-Lösung, gemischt mit 0.2 ml Liquemin 25.000). Zu dieser Vorbereitung wird das Kaninchen in einen Impfkasten gesetzt, der eine vorübergehende Festlegung von Kopf und Hinterläufen ermöglicht. Durch die Braunüle kann jederzeit Narkose erzeugt werden, etwa mit einem Barbiturat wie Nembutal. Die Menge, die ein Tier bis zur völligen Entspannung braucht, ist unterschiedlich. Es ist üblich, 50 mg je kg Körpergewicht gelöst in physiologischer Kochsalzlösung zu geben (isotonische Kochsalzlösung: 0.95% = 162.5 mM NaCl).

2.1 Entnahme von Embryonen

Das eingeschläferte Kaninchen wird auf dem Rücken liegend an Vorder- und Hinterläufen auf einem entsprechenden Tieroperationstisch festgelegt. In der Mitte des Bauches wird die Schnittgegend vom Becken bis zum Brustbein mit einer elektrischen Maschine geschoren und mit 70% Alkohol oder Merfen gewaschen. Zur Lokalanästhesie werden an mehreren Stellen der Schnittlinie insgesamt 1-2 ml 1% Xylocain subcutan injiziert. Der Tierkörper wird mit einem sterilen Tuch abgedeckt, das nur die zu öffnende Bauchgegend freiläßt. Nun wird zunächst die Bauchhaut mit einer Schere (Abb.1, Nr.2) und dann die Muskulatur mit einer Schere (Nr.7) oder einem Skalpell mit einem Doppel-T-Schnitt (I) geöffnet; beide werden nach den Seiten gezogen und mit je zwei Operationsklemmen beschwert. Sollen Untersuchungen an möglichst frischem neuronalen Material der Embryonen durchgeführt werden, so lassen sich diese durch kleine Einschnitte in die Uteruswand leicht in gewünschten Zeitabständen nacheinander (in ihrer Amnionhülle) entnehmen.

Die Anästhesie des Muttertieres darf dabei nicht außer Acht gelassen werden. Bei länger andauernden Operationen ist es ratsam, eine Spritze mit Nembutallösung am Ohr des Tieres zu befestigen, damit nötigenfalls schnell noch etwas Barbiturat nachinjiziert werden kann.

Sollen Gewebekulturen aus embryonalem neuronalen Gewebe angelegt werden, so sind bis zur Gewinnung und Isolierung der gewünschten Zellen eine Reihe technischer Schritte erforderlich. Darum empfiehlt es sich in diesem Falle, die Uterushörner zu entnehmen, in einem sterilen Gefäß auf 10°C bis 4°C abzukühlen und in einem keimarmen Raum weiter zu bearbeiten.

Nach der Entnahme der benötigten Organe wird das anästhetisierte Muttertier durch eine Überdosis Barbiturat getötet.

2.2 Entnahme von Nebennieren

Die Nebennieren liegen - in ihrer Höhe leicht asymmetrisch - zwischen dem Rückgrat und der oberen Begrenzung der Nieren. Sie sind auch bei stark verfetteten Tieren an ihrer klaren gelblich-weißen Farbe leicht zu erkennen. Die Nebennieren können nach ventraler Öffnung der Leibeshöhle und Beiseiteschieben des Verdauungstraktes entnommen werden (zu empfehlen bei adulten Tieren, vgl. 2.1); sie können auch von dorsal entnommen werden (diese Methode ist bei Embryonen und neugeborenen Tieren vorzuziehen). Hierzu werden die Embryonen oder neugeborenen Kaninchen nach Genickbruch mit Stecknadeln in Schalen befestigt, die mit einer Schicht von Silikonkautschuk ausgegossen sind. Nach Desinfektion des Rückens mit 70% Äthanol (s.o.) werden dorsal Haut und Muskelschicht in einem Rechteck gleich unterhalb der untersten Rippen entfernt. Bei Kaninchen sieht man meist sofort nach Öffnen von dorsal die Nebennieren als stecknadelkopfgroße Paraganglien oberhalb der Nieren in enger Nachbarschaft zum Rückgrat liegen.

Die Nebennieren können in Bezug auf anhaftendes Fett oder Binde-Gewebe großzügig entnommen und unter einem Stereo- oder Operationsmikroskop freipräpariert werden. Mit Sorgfalt sollte man jedoch darauf achten, daß die große Hohlvene und ihre Seitenäste nicht verletzt werden. Die bei Verletzung der Vena cava sofort eintretende intensive Blutung führt zum Tode des operierten Tieres und erschwert das Auffinden der Nebennieren.

3. Ausstanzen von kleinen Arealen aus Gefrierschnitten

Schlumpf M, Waser PG, Lichtensteiger W, Langemann H, Schlupp P (1974) Standardized excision of small areas of rat and mouse brain with topographical control. Biochem Pharmacol 23:2447-2449

Palcovits M (1973) Isolated removal of hypothalamic or other brain nuclei of the rat. Brain Res 59:449-450

König J, Klippel R (1974) The rat brain. A stereotaxic atlas of the forebrain and lower parts of the brain stem. RE Krieger Publishing Co Inc, Huntington New York (4.Nachdruck)

Gerhard L (1968) Atlas des Mittel- und Zwischenhirns des Kaninchens. Springer, Berlin Heidelberg New York

Eine umfangreiche Liste:

Stereotaxic atlases. Courtesy of David Kopf instruments. 7324 Elmo Street, Tujunga, California 91042, USA

Fürste T, Matthaei H (unveröffentliche Ergebnisse)

Die hier vorgeschlagene Methode will eine exakte Schnittführung, möglichst gute Übereinstimmung der zu stanzenden Eisschnitte mit dem entsprechenden histologischen Bild und schließlich die erforderliche Treffsicherheit beim Ausstanzen von Proben aus den einzelnen Kerngebieten sichern. Zu diesem Zwecke wurde die Ausführung der von Schlumpf et al. und von Palcovits eingeführten

Stanzmethode durch spezielle Hilfsmittel für das Umbetten, Schneiden und Stanzen erleichtert. Es ist notwendig, daß der einzelne Anwender der Stanzmethode die Lage derjenigen Kerngebiete, die er untersuchen möchte, zunächst in mehreren frontalen und sagittalen Schnittserien vom Hirn seiner Versuchstiere (Species, Rasse, Geschlecht, Alter) definiert. Bei Arbeiten an der Ratte hilft der Atlas von König und Klippel bei der Identifizierung der Kerngebiete. Nachfolgend werden u.a. einige hierzu besonders geeignete histologische und histochemische Färbemethoden beschrieben. Stereotaktische Atlanten sollen zum Treffen bestimmter Punkte im Ganztier dienen. Sie können auch helfen, in Schnittserien eines Atlas für das orientierte Stanzen aus Schnitten die einzelnen Kerngebiete zu bestimmen; ihre Bezugskoordinaten und -ebenen eignen sich jedoch nicht unmittelbar für die Deutung von Schnitten eines freipräparierten Gehirnes. Es kommt vielmehr darauf an, die Dünnschnittserien für den Atlas und die Dickschnitte für das Stanzen unter möglichst gleichen Bedingungen herzustellen.

3.1 Gefrieren der Organe ohne oder mit Umbettung

Ohne Umbettung werden Frontalschnitte des Rattenhirns hergestellt, indem das Hirn nach der Entnahme zunächst mit einer Rasierklinge durch einen Frontalschnitt in der Mitte in zwei Hälften geteilt wird. Dazu legt man es mit der Scheitelfläche auf einen Aluminiumblock. Die Hälften werden möglichst unverformt mit der Schnittfläche auf den Boden einer Plastik-Petrischale aufgesetzt, der in einem Isoliergefäß auf Trockeneisschnee liegt und nach Durchfrieren zur Lagerung in einer Tiefkühltruhe verschlossen wird. Zum Schneiden werden die Hälften mit etwas Tissue-Tek II[1] auf einem Mikrotom-Probenteller aufgefroren.

Zum Umbetten eines Gehirns werden kubische gefräste Messingtröge, mit Lineal zum Ausrichten und mit zwei seitlich eingebohrten VA-Stahlhaken zum Herausheben der Eisblöcke (Abb.1, Nr.10) zu 3/4 mit Tissue-Tek II von Zimmertemperatur gefüllt. Für die Hirne halbjähriger Ratten (150-250 g) betragen die Innenmaße z.B. 33mm × 22mm × 13,5mm (Höhe). Das Gehirn wird gleich nach der Entnahme bei Zimmertemperatur in die Flüssigkeit eingelegt und mit Präpariernadeln sorgfältig ausgerichtet (Abb.3a); bei sehr kleinen Gehirnen benutzt man ein Stereomikroskop: Die Scheitelfläche des Cortex cerebri soll locker aber plan dem Boden des Troges anliegen. Die Sagittalebene wird mittels des Lineals kontrolliert. In der schwimmenden Lage kann das Organ etwa bei seiner Entnahme aufgetretene Verbiegungen teilweise selbst wieder beseitigen. Nach dem Ausrichten des Objektes wird der Messingtrog sofort auf eine horizontale Fläche von Trockeneisschnee gelegt, die man z.B. in einem Isolierbehälter aus Schaumstoff vorbereitet hat. Der Block friert in 2-3 min durch und kann nach weiterer Abkühlung aus dem Trog genommen werden (Abb.3b).

---

[1] Tissue-Tek II: Lab-Tek Products, Div. of Miles Laboratories Inc., Naperville, Illinois, 80540, USA.

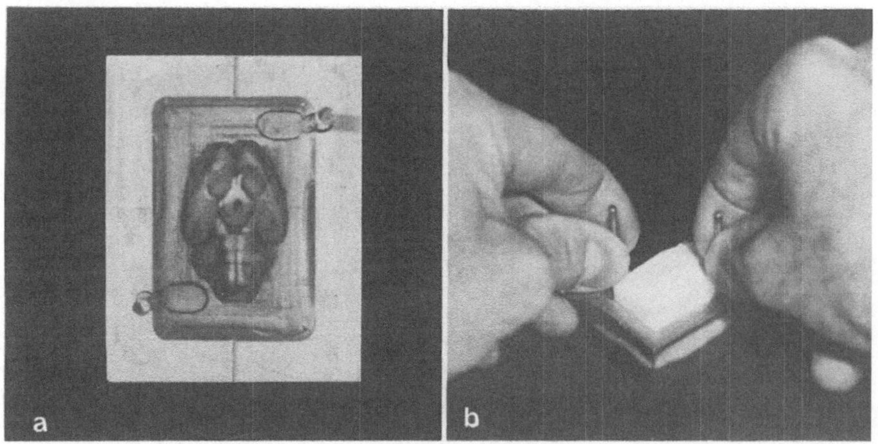

Abb. 3a,b. Umbettung eines Rattenhirnes für Gefriermikrotomie. (a) Kurz vor dem Einfrieren: in Messingtrog umbettet mit Tissue-Tek II; (b) nach Gefrieren auf Trockeneis und kurzem Erwärmen in Wasser bei 20°C: Herausziehen des Eisblockes (vgl. Text)

Zur Entnahme bewegt man den Messingtrog in einer flach mit Wasser von Zimmertemperatur gefüllten Schale etwa 30 sec lang hin und her – bis die Eisbildung an der Oberfläche deutlich abnimmt. Dann stellt man den Trog auf den Tisch und zieht mit Daumen und Zeigefingern beider Hände, die Mittelfinger gegen die Oberfläche des Troges gespreizt, kräftig an den zwei Stahlhaken, so daß der Eiskubus mit dem ersten Erweichen seiner Grenzfläche aus dem Trog gleitet. Er wird sofort auf Trockeneis gelegt. Auf diese Weise erhält man einwandfrei eben begrenzte Blöcke, die bei -70°C bis -80°C gelagert werden können.

3.2 Gefriermikrotomie

Befestigung des Eisblockes auf einem Probenteller

Zum Schneiden wird der Eisblock mittels einer dünnen planen Schicht von Tissue-Tek auf einem Probenteller angefroren. Dazu wird der Block ca. 30 min bei etwa -20°C aufgewärmt, während der Probenteller zum Temperieren mit seinem Stiel in gekörntes Wassereis gesteckt wird. Auf die nur dünn mit Tissue-Tek bestrichene gerillte Tellerfläche wird nun der Eisblock – gefaßt mit vorgekühlter Pinzette – mit einer seiner frontalen, sagittalen oder basalen Flächen kurz aufgedrückt. Er friert sofort an dem Teller fest; der Teller wird in Trockeneis gesteckt, um durch weiteres Tissue-Tek noch fester mit dem Eisblock verbunden werden zu können. Danach wird er samt Eisblock in dem Gefriermikrotom aufbewahrt bzw. zum Schneiden eingespannt.

Schneiden

Es sollte ein Gefriermikrotom benutzt werden, das eine möglichst einfache Handhabung bei ausreichender Präzision bietet. Das Cryo-

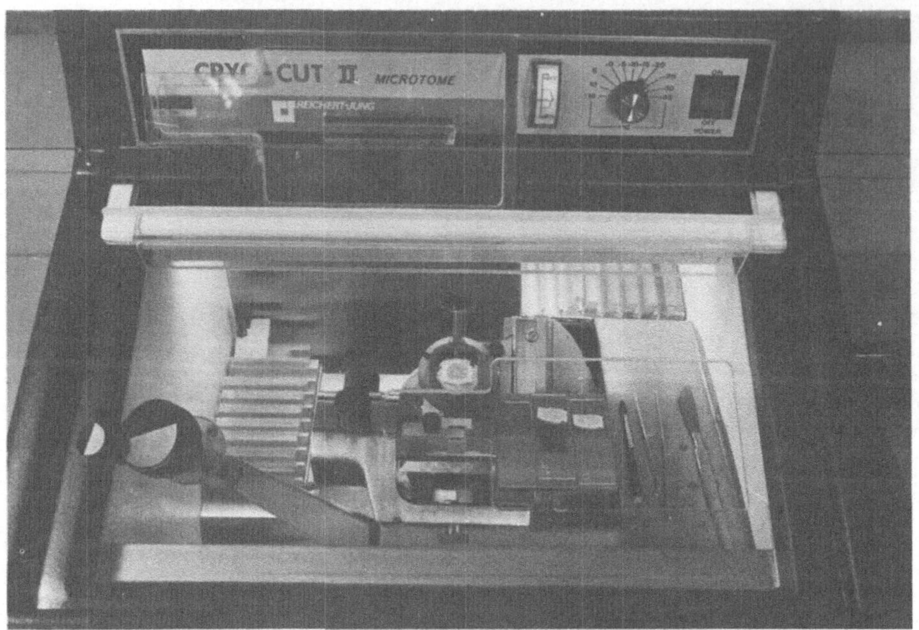

Abb. 4. Gefriermikrotomie. Übersichtsbild des Mikrotoms mit der Plexiglasabdeckung: Deckel zum Verschließen der Eingrifföffnung vor das Typenschild gelehnt; *links* die nach Außen verlegte Kurbel für Vorschübe von über 40µ (sonst vgl. Text)

Cut II-Microtom von Reichert-Jung, das ein Rotationsmikrotom der American Optical Scientific Instrument Division enthält, kann durch einige mechanische und ergonomische Verbesserungen den Bedürfnissen des Neurochemikers angepaßt werden (vgl. Abb.4 und gegebenenfalls die ausführliche Betriebsanweisung des Gerätes):

Die für gute Temperaturkonstanz im Bereich des Messers zu große Eingrifföffnung wird durch einen Plexiglasdeckel mit einem kleinen, verschließbaren Eingriffloch verkleinert; die Kurbel für den manuellen Probenvorschub wird durch den Plexiglasdeckel hindurch nach außen verlegt. Die Instrumentenablage sollte vergrößert werden, so daß sie hinten noch ein Magazin für etwa 8 × 10 mit Diamantstift numerierte Objektträger aufnehmen kann. Es empfiehlt sich, eine ähnliche Ablage auch links vor dem Mikrotom anzubringen, so daß die Luftwiderstände wiederum symmetrisch verteilt sind und damit eine gute Kühlung des Zentrums mit Eisblock, Messer und Streckplättchen gewährleistet ist. Eine horizontale Auflage für drei Objektträger wird unmittelbar rechts neben dem Messer angebracht, in der Höhe verstellbar, damit die Schnitte mit dem Pinsel stufenlos direkt vom Messer auf den Objektträger herübergezogen werden können. Mit dem Platz für drei Objektträger bietet sich die Möglichkeit, jeden zweiten oder dritten Schnitt für eine unterschiedliche Verarbeitung (z.B. Stanzen, Färben, Fluoreszenznachweis) bereitzulegen. Es muß dafür gesorgt werden, eventuell mit der Hilfe eines Feinmechanikers, daß die Betätigung der Handkurbel des Rotationsmikrotoms zu einer gleichmäßigen Bewegung der Schnittprobe führt. Um für lange Schnittserien beide Hände ständig an der Arbeitsöffnung bereitzuhaben, empfiehlt sich die Anschaffung eines motorischen Antriebes mit Fußschalter für die Rotation (Fa. Dittes, Heidelberg). Schließlich muß der zweidimensional ausrichtende Halter des Probentellers zumindest mit Hilfe einer Lehre so einzustellen sein, daß die Tellerfläche senkrecht zum Probenvorschub steht. Noch besser wäre ein Ersatz der bei Mikrotomen üblichen Objektjustage durch einen Halter für unabhängige, ablesbare Korrekturen in zwei zum Vorschub senkrechten Achsen.

3.3 Histologische und histochemische Färbetechniken

Romeis B (1968) Mikroskopische Technik. Urban und Schwarzenberg, München (16.Aufl)

Zum Färben gelangen die Schnitte in gefrorenem Zustand – möglichst frisch und nicht in der Kälte getrocknet – in die Fixierungslösung, die wie die übrigen Lösungen – falls nicht anders angegeben – bei Zimmertemperatur in abgedeckten Färbeküvetten angewandt werden. Für die Histofluoreszenz der Catecholamine und Indolamine dagegen werden die Gefrierschnitte oder festsitzenden Zellkulturen u.U. bei mildem Vacuum (s.u.) und Zimmertemperatur getrocknet.

3.3.1 Kresylviolett

Anfärbung der Zellkerne und Nissl-Substanz = rauhes endoplasmatisches Reticulum.

1.	Fixierung mit neutraler 10% Formaldehydlösung	einige Std.
2.	Lipidextraktion mit 70% Äthanol (3 Stufen)	über Nacht
3.	Lipidextraktion mit 50% Äthanol	2 min
4.	Lipidextraktion mit Aqua dest.	2 × 2 min
5.	Färbung mit 0.1% Kresylviolett in 0.1% Essigsäure (diese Farblösung einige h im Brutschrank bei 56°C anwärmen)	15 min bei 56°C
6.	Abkühlen in einer ebenso angesetzten Kresylviolettlösung	5 min bei 20°C
7.	Differenzierung mit 1% Essigsäure (Vorsicht, daß eine leichte Färbung der Bündel z.B. im Hypothalamus erhalten bleibt!)	10 sec
8.	Entwässerung mit absolutem Äthanol (4 Stufen)	5 -10 sec 30 sec 2 - 5 min 2 - 5 min
9.	Entfernung des Äthanols: Terpineol-Xylol (1:1)	5 min
10.	Entfernung des Terpineols: Xylol (3 Stufen)	je 2 - 5 min
11.	Eindecken mit Deckglas in DePeX	

3.3.2 Silberimprägnierung nach NOVOTNY und Kresylviolett-Färbung

Novotny E, Novotny GEK (1974) A modification of the Glees silver impregnation for normal and degenerating nervous tissue. Stain Technol 49:273-280

Novotny GEK, Novotny E (1977) Triple staining of normal and degenerating nervous tissue. Stain Technol 52:97-99

Klüver H, Barrera E (1953) A method for the combined staining of cells and fibers in the nervous system. J Neuropathol Exp Neurol 12:400-403

Das Silber scheint sich durch Reduktion besonders dort abzuscheiden, wo sich Neurofilamente und Mikrotubuli bzw. Tubulin befinden; es hebt die Neurone und ihre Fortsätze braun bis schwarz hervor, während das Kresylviolett allgemein die Zellkerne und Teile des Cytoplasmas violett färbt. Eine Gegenfärbung ist auch mit Luxol fast blue *und* Kresylviolett (Klüver-Barrera) möglich, wonach zusätzlich das Myelin hellblau erscheint.

1.	Fixierung mit 10% Formaldehydlösung	mindestens 24 h
2.	Lipidextraktion mit 70-80% Äthanol (3 Stufen)	24 h
3.	Silberimprägnierung mit 20% wässrigem $AgNO_3$ (Küvette dunkel halten – evtl. dunkles Glas)	12 - 24 h
4.	Entwicklung mit NAUTA-Reduktionslösung (2 Stufen, in der ersten kräftig spülen)	10 min
5.	Verstärkung mit ammoniakalischem $AgNO_3$	15 min
6.	Kräftig spülen in absolutem Äthanol	10 sec
7.	Entwicklung mit NOVOTNY-Reduktionslösung (2 Stufen, wie 4)	10 min
8.	Kurze Spülung in Aqua dest.	
9.	In fließendem Leitungswasser wässern	5 min
10.	Kurze Spülung in Aqua dest.	
11.	Fixieren in 5% Natriumthiosulfat	5 min
12.	Spülen in Aqua dest.	
13.	In fließendem Leitungswasser wässern	10 min

Hier eventuell Kresylviolettfärbung ab Schritt 4 anschließen, sonst nur zur Entwässerung und Eindeckung in DePeX die Schritte 8-11 wie nach Kresylviolettfärbung durchführen (s.o.).

Lösungen

NAUTA-Lösung

400.0 ml Aqua bidest.
45.0 ml absolutes Äthanol
13.5 ml 1% Essigsäure
13.5 ml 10% Formaldehydlösung

Ammoniakalische Silbernitratlösung (frisch ansetzen!):

5 g $AgNO_3$ in 100 ml 80% Äthanol lösen (eventuell 5 g $AgNO_3$ in 20 ml Aqua dest. lösen und 80 ml absolutes Äthanol hinzufügen; danach gut abkühlen lassen, bevor tropfenweise unter Rühren 25% Ammoniaklösung hinzugefügt wird (auf 100 ml 50-60 Tropfen oder 5-6 ml, pH größer 11.5). Es muß ein Überschuß an Ammoniak vorhanden sein, da störende Silberfällungen auf Glas und Schnitten auftreten, falls mit den Objektträgern zu viel Säure in das Reagenz hereingebracht wurde. Zunächst wird Silber gefällt (dunkelbraune Lösung); weitere Tropfen werden bis zu dem Punkt hinzugefügt, wo das Silber wieder in Lösung gegangen ist. Die Lösung soll klar aussehen, kann aber einen grau-blauen Ton haben. Verschlossen, in einer Küvette mit Deckel, ist sie etwa 1 h brauchbar.

NOVOTNY-Reduktionslösung

400 ml 10% Formaldehydlösung

50 ml 96% Äthanol

20 ml 1% Essigsäure

3.3.3 Histochemischer Nachweis von Monoaminen in Gefrierschnitten

Bloom FE, Battenberg ELF (1976) A rapid, simple and sensitive method for the demonstration of central cathecholamine-containing neurons and axons by glyoxylic acid-induced fluorescence. II. A detailed description of methodology. J Histochem Cytochem 24:561-571

Lorén I, Björklund A, Lindvall O (1977) Magnesium ions in catecholamine fluorescence histochemistry: application to the cryostat and vibratome techniques. Histochemistry 52:223-239

Lorén I, Björklund A, Falck B, Lindvall O (1976) An improved histofluorescence procedure for freeze-dried paraffin-embedded tissue based on combined formaldehyde-glyoxylic acid perfusion with high magnesium content and acid pH. Histochemistry 49:177-192

Watson SJ Jr, Ellison JP (1976) Cryostat techniques for central nervous system histofluorescence. Histochemistry 50:119-127

Watson SJ Jr, Barchas JD (1977) Catecholamine histofluorescence using cryostat sectioning and glyoxylic acid in inperfused frozen brain. J Histochem 9:183-195

Die für gefriergetrocknete Gewebe vorgeschlagene Umsetzung mit Formaldehyd-Dampf hat sich auch bei Zellkulturen gut bewährt (vgl. 3.3.4); dagegen eignen sich für Gefrier- und Vibratomschnitte verschiedene Varianten der Reaktion mit Glyoxylsäure, teilweise gemischt mit Formaldehyd. Das Reagenz kann durch Perfusion unter Narkose im Tier und nochmals während einer nachfolgenden Immersion der Schnitte einwirken oder aber nur an den Schnitten angewandt werden. Über die Histofluoreszenz-Mikroskopie und -Mikrophotographie vgl. das nächste Kapitel (3.3.4).

Perfusion und Immersion (nach Bloom und Battenberg)

1. Anästhetisiere die Ratte durch intraperitoneale Injektion von 350 mg Chloralhydrat/kg Körpergewicht.
2. Öffne den Brustkorb, sperre die Aorta descendens und das rechte Atrium mit Klammern und führe eine Injektionsnadel in den linken Herzventrikel.
3. Injiziere 250 ml kalte Perfusionslösung in 90 sec; nach Perfusionsbeginn öffne das rechte Atrium durch einen Einschnitt und stecke den Tierkopf in Eis.
4. Entferne rasch Kopf und Hirn (s.1.1), schneide es in geeignete Scheiben von 3-5 mm und gefriere diese auf Mikrotom-Objekthaltern über Trockeneis oder umbettet mit Tissue-Tek (s.3.3).
5. Gefrierschneide Schnitte von 10-30 µm bei -18°C; strecke sie zu 3-4 Stück auf Objektträgern durch kurzes Anwärmen mit einer Fingerkuppe von unten (s.3.2).
6. Lege die Schnitte sofort 11 min in eiskalte Immersionslösung.
7. Trockne die Schnitte 5 min in warmem Luftstrom (37°C, Föhn).
8. Erhitze Objektträger 10 min in vorgeheizter Färbeküvette bei 100°C im Trockenschrank.
9. Decke die Schnitte mit Deckglas in Paraffinöl oder Entellan ein.
10. Fluoreszenzmikroskopiere (s.3.3.4).

Perfusionslösung

Stammlösung A: Löse 1 g Paraformaldehyd (Merck, reinst) in 100 ml 0.3 M Na-Phosphatpuffer pH 7.4 von 65°C (zur Depolymerisation). Kühle auf 2°-4°C.

Stammlösung B: Löse 4 g Glyoxylsäure (Sigma, Na-Salz, Monohydrat) in 100 ml Säuger-Ringerlösung (Abbot) von 20°C. Kühle auf 2°-4°C. Stammlösungen A und B höchstens 4 h vor Gebrauch ansetzen, zu gleichen Teilen mischen, mit 10 N NaOH auf pH 7.4 einstellen und auf 2°-4°C gekühlt zur Perfusion nehmen.

Immersionslösung

Mische 4% Glyoxylsäure in Ringerlösung mit gleichem Volumen 0.3 M Na-Phosphatpuffer pH 7.4 und stelle mit NaOH auf pH 7.4 ein.

Verwandte Verfahren von Lorén und Mitarbeitern benutzen saures pH und höhere Mg-Konzentration für gefriergetrocknet Paraffineingebettetes Gewebe sowie für Gefrier- und Vibratomschnitte.

Immersion von Gefrierschnitten ohne vorherige Perfusion (nach Watson und Barchas (1977)

1. Köpfen, Hirn gewinnen (s.1.1), in Scheiben auffrieren (s.o.) oder umbettet einfrieren (s.3.3).
2. Gefrierschneiden bei -18°C (s.o.).
3. Schnitte 12 min inkubieren bei 0°C in 2% Glyoxylsäure – 0.5% $MgCl_2$ – 0.1 M Na-Phosphatpuffer, insgesamt pH 5.
4. Schnitte in warmem Luftstrom trocknen (s.o.).
5. Objektträger 2-5 min in vorgeheizter Färbeküvette bei 100°C im Trockenschrank erhitzen.
6. Schnitte mit Deckglas in Paraffinöl oder Entellan einbetten.

Gegenfärbung von Zellen und Myelin nach Klüver-Barrera möglich (s.3.3.2).

3.3.4 Nachweis von Monoaminen in Zellkulturen

Falck B, Hillarp N-Å, Thieme G, Thorp A (1962) Fluorescence of catecholamines and related compounds condensed with formaldehyd. J Histochem Cytochem 10:348-354

Sakharova AV, Sakharov D (1971) Visualization of intraneuronal monoamines by treatment with formalin solutions. In: Eränkö O (ed) Histochemistry of nervous transmission. Progress in Brain Res 34:11-25

de la Torre JC, Surgeon JW (1976) A methodological approach to rapid and sensitive monoamine histofluorescence using a modified glyoxylic acid technique: the SPG method. Histochemistry 49:81-93

Modifizierte Methode nach Falck et al.

20 g Paraformaldehyd werden in offener Petrischale mindestens 8 Tage über 35% Schwefelsäure in einem Exsiccator aufbewahrt, nachdem dieser 3 min an einer Wasserstrahlpumpe entlüftet und verschlossen wurde (geringes Vacuum).

Zellkulturen, deren Gehalt an gespeicherten Monoaminen geprüft werden soll, werden zweckmäßig auf Kollagen-beschichteten Deckgläsern (s.A.6.1) angelegt. Das Kulturmedium wird in 1/15 M Phosphatpuffer pH 7.3 (nach Sörensen), 37°C, durch zweimaliges kurzes Eintauchen abgespült. Anhaftender Puffer wird abgeschleudert und vorsichtig mit Löschpapier abgetupft. Danach kommen die Deckgläser 30 bis 60 min in -20°C. Im gefrorenen Zustand bringt man die Zellen in einen Exsiccator, worin sie über Phosphorpentoxid in geringem Vacuum (s.o.) bis 3 Tage trocknen.

Zur Formaldehydbehandlung wird ein kleiner Exsiccator (etwa 500 ml Inhalt) in einem Trockenschrank auf 80°C vorgewärmt. Das vorbehandelte Paraformaldehyd kommt in einer Schale aus Aluminiumfolie (dient nur der vollständigen Entfernung nach Gebrauch) auf den Boden des Exsiccators, die Deckgläser mit getrockneten Zellpräparaten auf den Rost darüber. Der Exsiccator wird geschlossen und wieder in 80°C gestellt. Um den Überdruck nach Erwärmen der Luft herauszulassen, wird das Ventil des Exsiccators erst nach etwa 5 min bei 80°C geschlossen. Nach 30 bis 60 min bei 80°C wird der Exsiccator unter einem Abzug geöffnet (Vorsicht: Augenschutz); die Deckgläser werden – bewachsene Seite nach unten – mit Paraffinöl auf Objektträgern festgelegt. Bis zur Untersuchung werden sie lichtgeschützt bei 4°C aufbewahrt.

Fluoreszenz kann gleich nach der Entnahme aus dem Exsiccator beobachtet werden; sie gewinnt jedoch nach einigen Stunden bei 4°C unter Öl an Intensität und Begrenzung auf die Zellen bzw. deren Fortsätze. Innerhalb von 3 Tagen nach der Formaldehydbehandlung sollten die Präparate untersucht und photographiert werden, da die Fluoreszenz nach 3 bis 6 Tagen vor allem in den Zellfortsätzen merklich verblaßt.

Mißlingt es aufgrund überlagernder Kristalle zu den Fluoreszenzphotographien Kontrollaufnahmen im Phasenkontrast zu machen, so können die bewachsenen Deckgläser nach Entfernen des Paraffinöls in Xylol (und Durchführen durch Xylol, Alkohol und absoluten Alkohol) luftgetrocknet nach Giemsa gefärbt (10 min in 4% Giemsalösung, Merck, in 1/15 M Phosphatpuffer pH 7.3 nach Sörensen) und im Hellfeld mikrophotographiert werden.

Die Histofluoreszenz-Untersuchung und -Mikrophotographie erfordert ein Photomikroskop mit Auflichtkondensor, einer Lichtquelle HBO 200 oder HBO 50 sowie passenden Erreger- und Sperrfilterkombinationen: Für den Violett-Anregungsbereich Bandpassfilter 405/6 (Erreger), Farbfilter 425, Langpassfilter 435 (Sperrfilter); für den Blau-Violett-Anregungsbereich Bandpassfilter 436/8, Farbfilter 460, Langpassfilter 470.

Für Schwarzweiß-Photographie wird der Film Kodak Tri-X pan (27 DIN) empfohlen; die Belichtung erfolgt wie 24 DIN, die Entwicklung mit Microdol. Für Farbdiapositive eignet sich der Umkehrfilm Kodak Ektachrome 200 (24 DIN) mit einer Belichtung wie 21 DIN und Entwicklung wie 27 DIN, die mit dem ausführenden Photolabor abgesprochen werden muß.

Zwei weitere Methoden wurden mit Erfolg geprobt: Nach Saccharova und Saccharov können insbesondere zu schwach fluoreszierende Kulturen durch Überschichten des Präparates mit Paraformaldehyd-Paraffinöl und erneutes Erhitzen bei 80°C zu stärkerer Fluoreszenz gebracht werden. Nachteil: Bei ungleicher Bewuchsstärke erhält man ungleiche Ergebnisse; ferner besteht die Gefahr der Ablösung von unfixierten Zellen in der Formalin-NaCl-Lösung.

Nach der SPG-Methode (Saccharose-Phosphat-Glyoxylsäure) von de la Torre und Surgeon läßt sich ein Schnelltest durchführen: Schnitte oder Kulturpräparate aus -30°C bei 20°C 3mal für 1 sec in 0.2 M Saccharose-0.236 M KH_2PO_4-1% Glyoxylsäuremonohydrat geben; nach kühler Lufttrocknung Präparate 8 min in 80°C stellen, anschließend sofort mit Deckglas in Mineralöl einschließen. Verlängerte Inkubation bei 80°C und schnelles Einbetten in Mineralöl führt auch bei Ein-Zellschicht-Kulturen zu brauchbaren Ergebnissen. Nachteil: Kristalle aus Medium, Waschpuffer und Glyoxylsäure können die Beobachtung stören.

3.4 Lupen- und Mikrophotographie zur Erstellung des Stanzatlasses

Lupenphotographie

Die zur Herstellung eines Stanzatlasses benötigten Übersichtsaufnahmen sollen eine Objektfläche von maximal 10mm × 15mm (Frontalschnitt eines Rattenhirns) eben, unverzerrt und mit einer Auflösung von 5-10 µm abbilden, so daß wenigstens die Lage, Größe und Form der Zellen genau zu erkennen sind. Eine derartig gute Auflösung ist nur mit den besten Lupenobjektiven, möglichst ohne Nachvergrößerung und bei Anwendung des Köhlerschen Beleuchtungsprinzips zu erreichen. Das nicht mehr hergestellte Universalmikroskop "Ultraphot" von Zeiss mit einem Objektiv Luminar mit 100 mm Brennweite ist dazu geeignet. Ein Nachfolgegerät mit mindestens gleicher Leistung hat die Fa. Zeiss, Oberkochen in Vorbereitung. Es muß bei maximalen Aperturen (vollgeöffneten Blenden) von Beleuchtung und Objektiv gearbeitet werden. Der Kontrast wird bei Schwarzweiß-Aufnahmen durch Filter, z.B. bei violetten und blauen Färbungen durch Verwenden eines mittleren Gelbfilters erreicht.

Negativvergrößerung: 7,5 × (besser wäre ca. 16 ×).

Aufnahmematerial : Planfilm Agfapan 25, 9cm × 12cm (oder 4"×5"). Noch bessere Auflösung ergibt sich bei direkter Lupenvergrößerung auf das Endformat, auf dem gleichen Planfilm oder einem Farbumkehr-Planfilm von 8" × 10", wobei die Nachvergrößerung entfällt.

Entwickler für Schwarzweiß-Negative: Ultrafin (1 + 20 Teile H_2O).

Positivvergrößerung: 2,25 × (bei Negativen von etwa 9cm × 12cm).

Bromsilberpapier : Agfa Brovira Speed (Polyäthylen-beschichtet) oder Agfa Record Rapid, spezial bis hart, 20cm × 25cm.

Entwickler : Eukobrom von Tetenal (1 + 9 Teile H_2O).

Die Schwarzweiß-Papierbilder oder Farbumkehrdiapositive werden unter einem Stereomikroskop (etwa 6-fache Vergrößerung) oder einer größeren Lupe mit Ringleuchte ausgewertet. Es geht darum, die Grenzen der Kerngebiete anhand der Häufung bestimmter Neuronenformen mit schwarzer Tusche einzuzeichnen. Man kann auch die Photographie mit einer klaren Folie bedecken und direkt mit weißer Tusche die Konturen festlegen. Ein Atlas wie z.B. der von König und Klippel für die Ratte dient dabei als Leitfaden. Die schwarzen Konturen werden gegebenenfalls später mit weißer Tusche auf eine darübergelegte Overhead-Projektorenfolie umkopiert. Diese wird in einem Kopiergerät (z.B. Minolta EG 101 bei tiefschwarzem Hintergrund, schwarzer Samt) auf stumpfmattes Papier kopiert. Diese weißkonturigen Kopien dienen im Stanzmikroskop als die Atlasbilder, mit deren Hilfe die zu stanzenden Areale aufgefunden werden (Abb.6).

Mikrophotographie

Zur sorgfältigen Beurteilung der Grenzen eines Kerngebietes reicht die Lupen-Übersichtsaufnahme (16-20fache Vergrößerung) in manchen Fällen nicht aus. Von diesen Kerngebieten sind Mikrophotographien mit mindestens 10fach, besser 25fach vergrößernden Mikroskopobjektiven in einem Photomikroskop (z.B. Zeiss) anzufertigen. Es wird das gleiche Photomaterial verwendet wie für Lupenaufnahmen angegeben (Negativ 9cm × 12cm, Positiv 20cm × 25cm). Nach der Auswertung der Detailbilder unter einer Lupe kann das Stanzmikroskop (Abb.5) benutzt werden, um das Detailbild (unter dem Zeichenapparat) und das Übersichtsbild (unter dem Stanzmikroskop nach Herausnehmen des Kreuztisches mit der Temperierküvette) zur Deckung zu bringen und so die im Detail festgelegten Grenzlinien in das Übersichtsbild zu übertragen.

3.5 Ausstanzen, manuell oder mit Stanzmikroskop

Jacobowitz DM (1974) Removal of discrete fresh regions of the rat brain. Brain Res 80:111-115

Manuell erfolgt das Ausstanzen nach Palcovits etwa folgendermaßen: Man legt den Eisschnitt auf eine mit Trockeneisschnee gefüllte, geschlossene und mit schwarzem Papier bedeckte gläserne Petrischale und bringt ihn so unter ein binokulares Präpariermikroskop mit Beleuchtung von oben. Gestanzt wird mit in Messingröhrchen gefaßten, kegelförmig zugeschliffenen Injektionskanülen. Man hält diese zunächst etwas schräg, damit man das Ziel und das Einsetzen der Kanüle beobachten kann, um sie dann ohne Verrücken senkrecht zu stellen, einzudrücken und mit einem Mundschlauch auszublasen, so daß der Stanzling etwa auf das daruntergehaltene Pistill eines Mikro-Homogenisators gelangt. Die Lage der Kerngebiete im Verhältnis zu Konturen und markanten Strukturen des Eisschnittes hat sich der manuell Arbeitende vorher anhand des Atlasses genau einzuprägen. Die Schwierigkeit, *innerhalb* der Grenzen sehr kleiner Kerngebiete zu stanzen, erhöht sich noch durch individuelle Abweichungen der Lage bei einzelnen Tieren; sie hält sich aber soweit in Grenzen, daß sich für den Nachweis größerer Veränderungen noch erträgliche Standardabweichungen ergeben haben. Da der Trend aber zu feinerer räumlicher und zeitlicher Auflösung von Aktivitäten und somit zu größerer Genauigkeit geht, erschien eine apparative Erleichterung der Stanztechnik wünschenswert.

Als Stanzmikroskop (Abb.5) kann ein Stereomikroskop Typ IV B der Firma Carl Zeiss, Oberkochen, mit einem Zeichenapparat und einer Kaltlichtleuchte (Zeiss) mit einer oder zwei Ringleuchten ausgerüstet werden. Das Stereomikroskop wird auf das Stanzgerät aufgeschraubt. Dieses besteht aus einer Grundplatte mit Platz für ein Stanzatlasbild (links) und für ein Vergleichsphoto (unter dem Tisch) sowie für den dreidimensionalen Manipulator mit Führungsarm zur Aufnahme von auswechselbaren Stanzkanülen. Der Kreuztisch des Mikroskops wird zur Aufnahme einer temperierbaren Objektkammer aus Plexiglas abgewandelt, so daß die zu stanzenden Schnitte zwischen -20°C und +37°C bei jeder beliebigen Temperatur gehalten werden können. Zum Kühlen auf -20°C eignet sich z.B. ein Umwälz-Thermostat F 2 von Haake, den man z.B. mit 60% Äthanol füllen kann. Die Objektkammer wird mit temperiertem Gas belüftet, bei Gefrierschnitten mit N_2, bei Vibratomschnitten mit 5% CO_2 in Luft oder O_2. Der N_2 dient zugleich der Kühlung der Stanznadel. Er sollte zur Befeuchtung durch eine Eiskammer geleitet werden, die man in dem Umwälzthermostaten noch außer der Kühlschlange zur Abkühlung des N_2 unterbringen kann. Die Schlauchleitungen für die Kühlflüssigkeit und das Temperiergas müssen mit Schaumstoffschlauch wärmeisoliert werden.

Zum Stanzen wird ein Objektträger in den Objektführer innerhalb der Objektkammer eingelegt. Das entsprechende Weißlinienbild des Stanzatlasses gelangt unter den Zeichenapparat, der bei dieser Lage auf seine geringste Vergrößerung einzustellen ist. Die stufenlos variable Vergrößerung des Stanzmikroskops wird so eingestellt, daß Atlasbild und Eisschnittbild in gleicher Größe er-

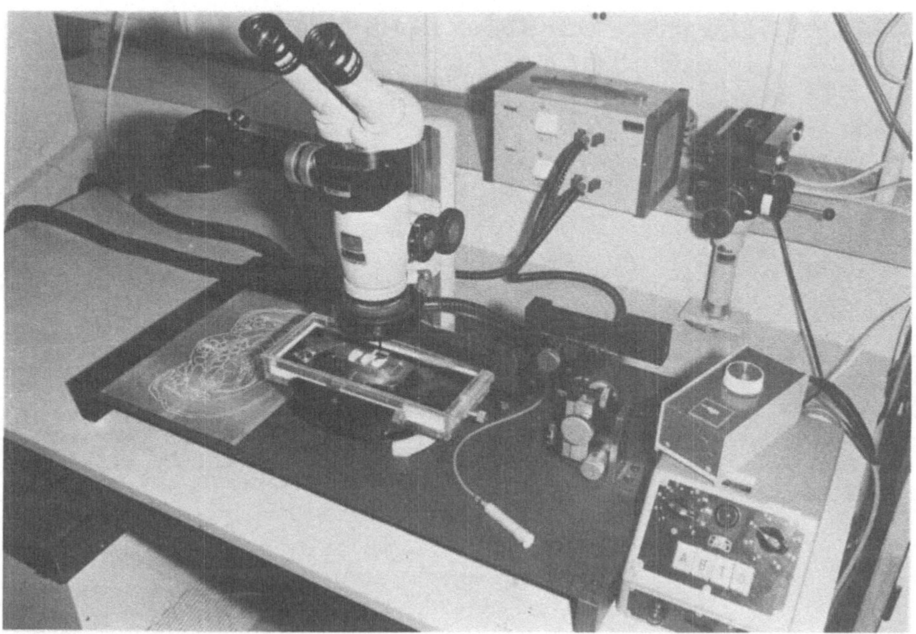

Abb. 5. Stanzmikroskop mit temperier- und begasbarer Objektkammer, modifiziertem Kreuztisch (herausnehmbar), dreidimensionaler Führung für die auswechselbaren Stanzkanülen, 2 Kaltlicht-Ringleuchten, vor dem Objektiv des Stereomikroskops und vor dem Zeichenapparat, durch den das weißlinige Atlasbild in den beiden Okularen mit den Bildern des Eisschnittes zur Deckung gebracht wird. *Rechts hinten* eine Aufsetzkamera mit Belichtungsautomatik für Kontrollaufnahmen wie die in Abb.6b (sonst vgl. Text)

scheinen. Mit dem Objektführer bringt man letzteres mit dem Atlasbild zur Deckung. Sollte eine Korrektur durch Drehung erforderlich sein, so bewegt man besser das Atlasbild. Falls Deckung über die gesamte Schnittfläche nicht befriedigend zu erreichen sein sollte, begnügt man sich damit, diese im näheren Umkreis der zu stanzenden Proben einzustellen.

Ein Problem ergibt sich noch aus der Tatsache, daß die Dünnschnitte und die von ihnen abgeleiteten Atlasbilder in der Schnittrichtung (dorsoventral) stärker gestaucht sind, als die zu stanzenden Dickschnitte (vgl. auch König und Klippel). Es sollte eine optische Entzerrung des Atlasbildes vorgenommen werden. Dazu kann man das Atlasbild in möglichst großem Abstand von dem Zeichenapparat anbringen und dort um seine gestauchte Symmetrieachse (bei Frontalschnitten) soweit drehen, daß die Entzerrung weitgehend erreicht wird. Sollten die perspektivischen Fehler auch bei der so vergrößerten Entfernung des Atlasbildes von dem Zeichneapparat noch stören, kann man eine weitere Verbesserung erreichen, indem man die Bilderdeckung für die beiden symmetrischen Hälften nacheinander gesondert einstellt.

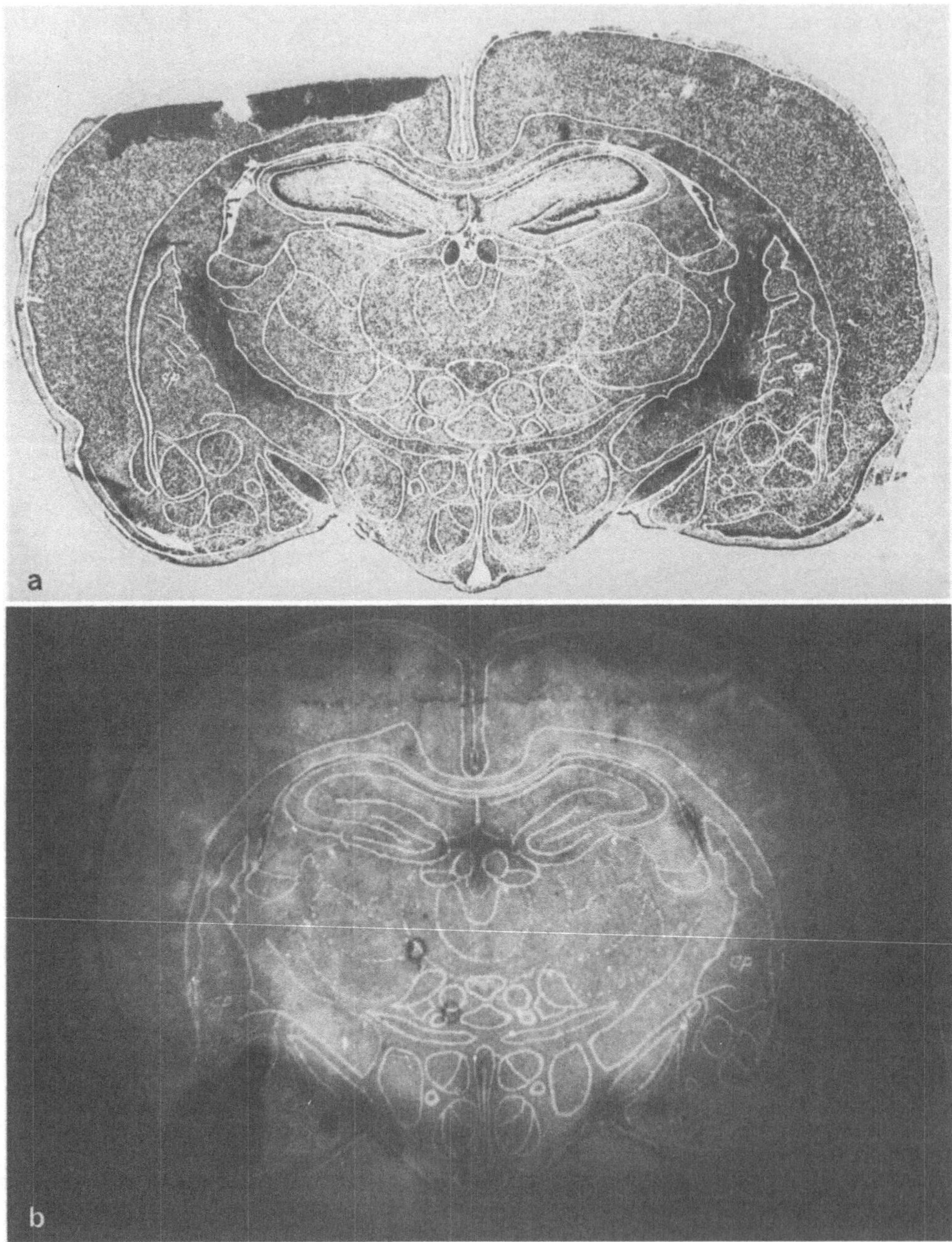

Abb. 6a,b. Probenstanzen: (a) Lupenphotographie eines Kresylviolett-gefärbten 25μ-Schnittes mit darüberliegender Klarsichtfolie und darauf eingezeichneten weißen Begrenzungslinien; (b) Mikrophoto eines im Stanzmikroskop liegenden 300 μ-Eisschnittes mit dem darübergespiegelten – entzerrten – weißlinigen Atlasbild. Mit einer Kanüle von 0.4mm Ø (innen) sind Stanzlinge aus den Nuclei arcuati

Vor Beginn des Stanzens wird eine Stanzkanüle des gewünschten Innendurchmessers in den Kanülenhalter eingesetzt; die vertikalen Begrenzungen der Stanzbewegung werden so einjustiert, daß die Nadel beim Niederfahren mit dem senkrechten Trieb noch nicht die Schnittoberfläche berührt. Eine weitere Begrenzung sorgt dafür, daß die Schneide nicht mit schädlichem Druck auf die Glasoberfläche stoßen kann.

Das Stanzen erfolgt durch Niederdrücken der Fingertaste, nachdem die Schneide der Stanzkanüle mit Hilfe der beiden horizontalen Triebe des Stanzmanipulators aufgrund des Atlasbildes über das zu stanzende Kerngebiet geführt worden ist. Die Fazette der Kanülenspitze muß in einer Uhrmacherdrehbank unter einem Binokular so spitz zugeschliffen werden, daß man die Schneide über die beiden optischen Achsen des Stereomikroskopes rundum deutlich sehen kann. Die Schneide muß senkrecht zur Kanülenachse plan sein – und dafür notfalls etwas stumpf. Zum Ausblasen des Stanzlings wird die Kanüle mit Hilfe des senkrechten Triebes kurz über den Deckel der Objektkammer herausgefahren. Der Stanzling gelangt z.B. auf das Pistill eines Ultramikrohomogenisators, mit welchem dieser sogleich homogenisiert wird.

4. Probenaufbereitung

4.1 Gewebe

Gewebeproben sollten möglichst schnell aufgearbeitet werden. Zur Bestimmung von Enzymaktivitäten bzw. Transmitterkonzentrationen wird die Probe mit einem motorgetriebenen Homogenisator in dem für die Methode angegebenen eiskalten Puffer homogenisiert. Für diesen Zweck haben sich die glasgeschliffenen Ultra-Mikro-Homogenisatoren der Fa. Micro-Metric bewährt. Kleinere Gewebestücke (Stanzzylinder) lassen sich mit dem Mikro-Ultraschall-Homogenisator der Fa. Kontes zerkleinern.

Vor der weiteren Aufarbeitung werden Proben für die Proteinbestimmung nach Lowry abgenommen (je nach Proteingehalt 2 × 5-50 µl direkt in die 4 ml-PPN-Röhrchen, worin nach eventueller Lagerung bei -30°C die Bestimmung ausgeführt wird).

Soweit Zentrifugation erforderlich ist, erfolgt sie in der Kälte (ca. +4°C). Der Überstand des Zentrifugates bzw. das nicht zentrifugierte Homogenat wird am besten gleich weiter untersucht oder, wenn die Umsetzung erst später erfolgen soll, bei tiefen Temperaturen (-30°C bis -80°C) gelagert. In jedem Fall ist zu prüfen, ob die Enzymaktivität bzw. der zu bestimmende Transmitter bei diesem Verfahren leidet.

---

und amygdaloidei mediales entnommen. Die Kanüle steht über einem N.amygdaloideus centralis. Bei binokularer Betrachtung wird die Schneide der Kanüle bei allen Stellungen im Gesichtsfeld rundum klar gesehen (vgl. Text)

Alle Gewebe bzw. Flüssigkeiten (Blut, Liquor, Urin), in denen Catechol-Bestimmungen durchgeführt werden sollen, müssen umgehend mit Säure (HCl, $HClO_4$) versetzt werden, um eine oxidative Zersetzung dieser empfindlichen Substanzen zu vermeiden.

4.2 Blut

Frisch entnommenes Blut wird 10 min bei ca. 3000 U/min (+4°C) zentrifugiert; der klare Überstand (Serum) wird abgenommen. Für Bestimmungen im Blutplasma wird in Gegenwart von Heparin gearbeitet (entweder unter Zusatz von Heparin-Lösung (0.05% Heparin als Endkonzentration) oder Verwendung von heparinisierten Röhrchen).

5. Vibratomie

Smith RE (1970) Comparative evaluation of two instruments and procedures to cut nonfrozen sections. J Histochem Cytochem 18:590-591

Hökfelt T, Ljungdahl A (1972) Modification of the Falck-Hillarp formaldehyde fluorescence method using the vibratome: simple, rapid and sensitive localization of catecholamines in sections of unfixed or formalin fixed brain tissue. Histochem 29:325-339

Jacobowitz DM (1974) Removal of discrete fresh regions of the rat brain. Brain Res 80:111-115

Das Vibratom als Gegenstück zum Gefriermikrotom dient zum Schneiden lebender, auch sehr weicher Gewebe. In der Neurobiologie haben sich Vibratome bereits vielfach bewährt, und zwar für biochemische, histochemische und elektrophysiologische Untersuchungen, vereinzelt auch zur Probennahme für Gewebe- und Zellkultur. Der Einsatzbereich des Vibratoms dürfte sich hier noch stark vergrößern, wenn seine optimale Funktion beachtet und beherrscht wird, und die Nachweismethoden der Funktionsanalyse an lebenden Zellen und Geweben die notwendige Weiterentwicklung erfahren.

5.1 Das Vibratom, modifiziert für Arbeiten unter Sterilität

Prinzip des Vibratoms ist das Schneiden von Gewebestücken durch ein in der Achse seiner Schneide schnell schwingendes Messer. Dadruch ergibt sich ein minimaler Druck des Messers auf das zu schneidende Gewebe. In eigenen Experimenten bewährte sich das in Abb.7 gezeigte Gerät der Firma Oxford Laboratories. Es wurde u.a. für Arbeiten mit steril zu haltenden Proben modifiziert (s.u.). Zwei elektromagnetisch in einer Achse bewegte Metallbacken tragen die Messerhalterung, in die eine schmale Rasierklinge fest eingespannt wird. Die Schwingungsamplitude ist stufenlos einstellbar (s. Abb.7, rechte Skala). Die Schwingungsrichtung muß exakt auf die Messerachse beschränkt sein: Kontrolle mit einem

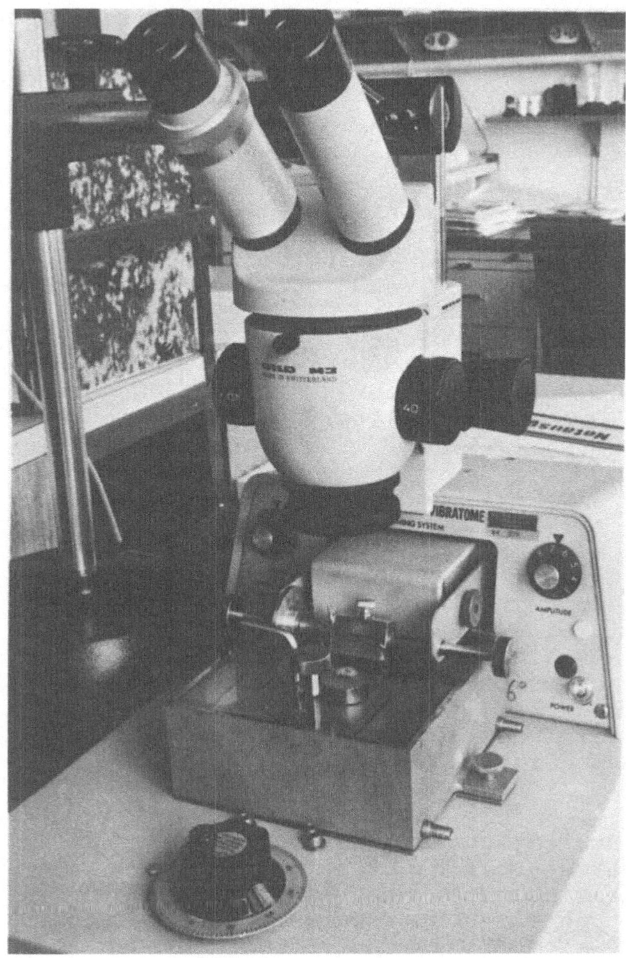

Abb. 7. Vibratom, modifiziert für Arbeiten unter Sterilität (vgl. Text)

Stereomikroskop, Verbesserung nötigenfalls durch einen Feinmechaniker. Der Messervorschub wird an der linken Skala stufenlos reguliert, die Schnittdicke mit der horizontalen Skalenscheibe (1 Umdrehung ≙ 0.1 mm).

Modifiziert wurde das abgebildete Vibratom für Arbeiten mit steril zu haltendem Material. Alle direkt oder indirekt mit dem Gewebe in Kontakt geratenden Teile wurden zum Heißsterilisieren aus VA-Stahl und leicht ausbaubar gemacht:

1. die Schnittwanne, im Boden mit gebohrten Kanälen für Temperierflüssigkeit versehen und mit einer wärmeisolierenden Schicht gegen das Vibratomgehäuse hin unterlegt;
2. der auswechselbare Objekthalter mit feingerasterter Fläche zum Aufkleben des Gewebes oder mit einem Trog mit reduzierbaren Seitenwänden zur Stützung des Gewebes während des Schneidens;
3. die Messerhalterung, ergänzt durch eine Skala zur Kontrolle der Messersteilheit.

Über dem Objekthalter wird ein Stereomikroskop angebracht; zur Beleuchtung des Objektes eignet sich eine Kaltlichtleuchte mit Lichtleiter.

Sterilität muß vor allem bei der Probennahme für Gewebe- und Zellkultur gewährleistet werden. Die mit dem Gewebe in Berührung kommenden Teile (s.o.) werden, in Aluminiumfolie verpackt, entweder 20 min bei 121°C autoklaviert oder 2 h bei 180°C heißluftsterilisiert. Die übrigen Teile des Gerätes werden von Zeit zu Zeit durch Besprühen mit Incidin (Henkel, Düsseldorf) desinfiziert. Das Vibratom wird in einem Sterilraum oder in einer Impfbank mit Laminarstrombelüftung oder in einem Glaskasten aufgestellt. Vor Gebrauch kann es noch mit einer UV-Lampe bestrahlt werden. Falls der zu schneidende Gewebeblock bzw. die Schnitte begast werden sollen (z.B. 5% CO_2 in O_2 oder Luft), ist das Gas durch ein Membranfilter mit 0.2 µm Porenweite keimfrei zu machen.

5.2 Umbettung von Hirngewebe mit Agarose-Gel

Das Hirn wird nach 1.1 entnommen. Es kann auf einer sterilen Aluminiumplatte mit einer Rasierklinge in Scheiben und Ausschnitte geteilt werden. Die Scheiben oder Blöcke läßt man in einer physiologischen Flüssigkeit (z.B. Pucks-Lösung s.u.) schwimmen und fängt sie daraus mit dem Objekthalter des Vibratoms auf. Nach Absaugen von überschüssiger Flüssigkeit mit sterilem Filterpapier kittet man das Gewebe (oder den Agarblock s.u.) mit Histoacryl fest, das aus einer Injektionskanüle abgegeben wird. (Histoacryl nicht mit Händen oder Schleimhäuten in Berührung bringen! Das Polymerisat löst sich in Aceton.)

Auf die freigebliebene Auflagefläche des Probenhalters wird mit einer Pipette eine dünne Agarose-Gelschicht aufgetragen (Vorratslösung bei mindestens 60°C warmhalten). Darauf wird mit Agarose-Lösung von 35°C eine Abstützung aufgebaut. Durch solches Umbetten mit Agarose-Gel erreicht man eine plane Schnittführung, auch bei relativ dünnen Schnitten, und verhindert ein Umschlagen des Schnittes vor seiner völligen Abtrennung durch das Messer. Das Agarose-Gel muß etwas fester sein als das zu stützende Gewebe; die Agarose-Konzentration richtet sich daher u.a. nach dem Alter des Gehirns. Die Festigkeit des Gehirngewebes erhöht sich durch die Anaerobiose. Für adultes Rattenhirn eignet sich 3% Agarose in H_2O (Behring-Werke, Marburg).

Alternativ kann das Gehirn unzerteilt mit Agarose-Gel in einem Messingtrog umbettet werden (vgl. 3.1):

1. Nach Einlegen einer dünnen Metallplatte über die Haken zum späteren Herausziehen des Gels wird der Boden des Troges mit etwas 3% Agarose-Lösung belegt;
2. darauf 35°C-Agarose-Lösung einfüllen und das Gehirn schwimmend orientieren;
3. in kühlem Wasser (20°C) Agarose-Lösung erstarren lassen;
4. Gelblock an den beiden Haken herausziehen;
5. den Block mit Rasierklingen in planparallele Scheiben schneiden und diese mit 60°C-Agarose-Lösung auf den Probenhalter aufkleben.

Embryonale Gehirne müssen aufgrund ihrer Weichheit und relativ großen Ventrikel innen und außen umbettet werden. Man hält Agarose-Lösung von geeigneter Konzentration in Wasserbädern von 60°, 45° und 35°C bereit. Nach Entnahme aus dem Schädel (beim Kaninchen etwa ab dem 25. Embryonaltag erforderlich) wird das Hirn durch einen mittleren Frontalschnitt mit einer Rasierklinge geteilt. Die Hälften werden sofort in Agarose-Lösung, die soeben auf 35°C abgekühlt ist und nicht wärmer sein darf, um Schrumpfung zu vermeiden, innen und außen umbettet. Darauf werden sie mittels einer Hornpinzette mit der Schnittfläche auf Agarose-getränktes Filterpapier auf einer Unterlage von 35°C gelegt. Nach Übertragen mit dieser Unterlage auf eine Fläche von Zimmertemperatur (20°C) werden die Hirnhälften mit einem weiteren Tropfen 35°C-Agarose-Lösung umbettet, die rasch erstarrt. Dann wird das Objekt samt der Unterlage mit einem Tropfen 60°C-Agarose-Lösung auf dem Objekthalter des Vibratoms befestigt.

Pucks Lösung (u.a. zum Schneiden von Hirngeweben)

137 mM NaCl

5.4 mM KCl

0.7 mM $Na_2HPO_4 \times 2H_2O$

0.22 mM KH_2PO_4

In Aqua dest. lösen und mit NaOH bzw. HCl auf pH 7.4 einstellen.

5.3 Schneiden mit dem Vibratom

Zum Schneiden überführt man nun den Probenhalter mit dem angehefteten Gewebestück in die Schnittwanne des Vibratoms. Sie ist bis über das Messer mit Puffer (s.u.) gefüllt, so daß die in der Flüssigkeit geschnittenen Schnitte schwimmen können. Zweckmäßig schneidet man bei einer Vorschub-Einstellung von "2-3" und einer Amplituden-Einstellung bis "5". Bei optimaler Messerführung und Querschnittflächen von etwa 0.5 cm^2 gelingen selbst bei Zimmertemperatur Schnitte von 25 µm an aufwärts. Es empfiehlt sich, den Schneidevorgang – besonders beim Anschneiden des Blockes – durch ein Stereomikroskop zu beobachten.

Die schwimmenden Schnitte werden mit einem Spatel aufgefangen, in den auf einem Objektträger liegenden Tropfen gleichen Puffers abgegeben und beispielsweise zur Stanzapparatur weitergereicht (vgl. 3.5). Zu beachten ist, daß sich große und dünne Gewebeschnitte nur äußerst schwer unverzerrt auffangen lassen. Bei dünnen Schnitten sollte die Schnittfläche daher 0.5 cm^2 nicht übersteigen. Die jeweils geeignete Osmolarität des Mediums muß für das zu schneidende Gewebe herausgefunden werden, um verzerrende Spannungen zu vermeiden.

6. Gewebe- und Zellkultur

Paul J (1973) Cell and tissue culture. Churchill Livingstone, Edinburgh London (4.Aufl)

Kruse PF, Patterson MK (1973) Tissue culture, methods and applications. Academic Press, London New York
Schwarzacher HG, Wolf U (1974) Methods in human cytogenetics. Springer, Berlin Heidelberg New York
Jacoby WB, Pastan IH (Hrsg) (1979) Cell culture. In: Methods in enzymology, vol 58. Academic Press, London New York
Fischbach GD, Nelson PG (1977) Cell culture in neurobiology. In: Handbook of physiology, Sect 1: The nervous system, vol I. Am Phys, Bethesda, Md, pp 719-774

Zusammensetzungen der Medien s. Laborkatalog von Gibco, Bio-cult.

Voraussetzungen für jede Kultur von Gewebestücken oder Zellen sind ein Sterilraum, eine Impfbank oder zumindest ein sterilisierbarer Arbeitsplatz sowie Übung im Umgang mit sterilen Geräten und Medien.

Neuronale Gewebe wie Gehirnschnitte, Rückenmark oder Ganglien können als Gewebestücke (Gewebekultur) oder zu Einzelzellen dissoziiert (Zellkultur) in vitro zur Proliferation und Zelldifferenzierung gebracht werden. Bei der Zellkultur unterscheidet man die Suspensionskultur, bei der sich die Zellen im Medium schwebend vermehren, von der "monolayer"-Kultur, bei der sie auf festem Untergrund (Glas, Plastik) größtenteils in einer einzigen Zellschicht leben.

Zum Ansetzen einer Gewebekultur wird das entnommene Biopsiematerial mit einem Skalpell in Stücke von der gewünschten Größe geschnitten. Unzerquetschte, gerade Schnittflächen sind wichtig für die weitere Kultur. Je nach Verwendung der Biopsiestücke für elektrophysiologische, biochemische oder zellbiologische Untersuchungen stehen verschiedene Methoden zur Festlegung in Kulturgefäßen (Plasma-clot, Cellophan, Sandwich-Technik, s. Schwarzacher und Wolf, Fischbach und Nelson) und der Versorgung mit Puffer oder Wachstumsmedium zur Verfügung.

6.1 Einschichtige Primärkulturen aus dem ZNS

Shapiro DL, Schrier BK (1973) Cell cultures of fetal rat brain. Exp Cell Res 77:239-247
Godfrey EW, Nelson PG, Schrier BK, Breuer AC, Ransom BR (1975) Neurons from fetal rat brain in a new cell culture system: a multidisciplinary analysis. Brain Res 90:1-21
Böhm R (unveröffentliche Ergebnisse)

Hier soll der Ansatz einschichtiger Zellkulturen ausführlicher besprochen werden, wie er sich für Nervenzellen zentraler und peripherer Herkunftsorte vielfach bewährt hat: Er führt zu hochgradiger morphologischer und biochemischer Differenzierung von Neuronen, die untereinander und mit Gliazellen Kontakte ausbilden.

Steriles neuronales Gewebe wird möglichst bald nach der Entnahme in Kultur gebracht. Um Austrocknen und unerwünschte Stoffwechselschritte zu vermeiden, werden z.B. Stanzstücke aus dem Locus coeruleus, die nacheinander aus Gehirnen embryonaler Kaninchen gewonnen wurden, in kleinen Volumina (etwa 1 ml vorgekühlter steriler Puffer, PBS-GPS, s. Medien) gesammelt und bis zum baldigen Ansetzen von Kulturen im Kühlschrank aufbewahrt.

Zur Dissoziation der Gewebe in vereinzelte Zellen stehen mehrere Möglichkeiten zur Verfügung: Nach mechanischer Zerkleinerung auf Stücke von ca. 1mm Kantenlänge mit Schere oder Skalpell folgt die Vereinzelung der Zellen

1. durch mehrfaches Durchziehen durch eine Pipettenspitze in Puffer oder Medium ohne Serum (die meisten Seren fördern eine sekundäre Verklumpung der Zellen);
2. durch Präinkubation in Puffer ohne Calzium und Magnesium und anschließendes "Pipettieren" wie unter 1;
3. durch Lösen der Zellen voneinander nach Inkubation mit Trypsin o.ä. in Calzium- und Magnesium-freiem Puffer (pH 7.8) bei 37°C und Pipettieren;
4. durch Vereinzelung der Zellen wie unter 3., aber mit spezifischeren Enzymen wie Hyaluronidase oder Kollagenase.

Bei neuronalen Gewebestücken aus embryonalen oder neugeborenen Kaninchen genügt die erste und schonendste Methode zur Zelldissoziation:

Die gesammelten zerkleinerten Gewebestücke werden aus PBS-GPC in ein steriles 10ml-Zentrifugenröhrchen mit 2 ml DME-G von 4°-10°C (s. Medien) überführt und zunächst mit einer 2 ml-Enzymtestpipette mit lang ausgezogener Spitze 20mal auf- und abpipettiert. Nach kurzer Sedimentation restlicher Gewebebrocken werden die losgelösten Zellen im überstehenden Medium abpipettiert und in einem neuen Röhrchen gesammelt; nach Zugabe von 2 ml frischem Medium DME-G werden die "Brocken" 20mal mit einer Pasteur-Pipette auf- und abpipettiert; falls nötig, wird diese mechanische Zerkleinerung mit einer Pasteur-Pipette mit einer enger ausgezogenen bzw. in der Flamme verengten Spitze wiederholt. Die gesammelten Zellsuspensionen werden durch Kunststoff-Siebgewebe filtriert: in eine Seitz-Filterspritze (Fa. E. Schütt Jr., Göttingen, Güterbahnhofstr.1) werden anstelle des Seitz-Filters zwei rund zugeschnittene Plättchen des Siebgewebes mit der gewünschten Maschenweite (Angabe in µm) eingelegt. Empfohlen werden die bei 1 atü autoklavierbaren Scrynel-Siebgewebe aus Polyester (PE) feiner (HC) oder fester (HD) Qualität der Züricher Beuteltuchfabrik AG, zu beziehen über Fa. Wilhelm Heidland, Postfach 2012, D-4830 Gütersloh 1. Nach der Filtration wird eine Zellsuspension zwei bis dreimal durch 5 min Zentrifugation bei 100 g von Zelltrümmern gereinigt; die Überstände werden verworfen, das Sediment jeweils in frischem DME-G aufgenommen. Zellzählung erfolgt an einem kleinen Teil in einer Zählkammer (nach Fuchs-Rosenthal):

100 µl Zellsuspension und 100 µl Trypanblaulösung (je nach Angabe des Herstellers mit Medium vorverdünnt) werden gemischt und nach einer Einwirkungsdauer von ca. 3 min in die Zählkammer gefüllt. Kräftig dunkelblaue Zellen sind tot, ungefärbte Zellen lebend. Neuroblasten erscheinen als kleine stark lichtbrechende (ungefärbte) Zellen, Gliazellen und Glioblasten sind etwas größer, flacher und erscheinen oft schwach hellblau gefärbt. Nach der Zellzählung werden die Zellen aus dem Medium DME-G abzentrifu-

giert und in Medium DME-A (Anwachsmedium) suspendiert, wobei die gewünschte Zellkonzentration eingestellt wird.

In Medium mit Serum neigen Zellsuspensionen mit hohem Zelltiter (über 10^6 Z/ml) zur Aggregatbildung. Daher sollten die Zellen im Anwachsmedium so schnell wie möglich in vorbereitete Kulturgefäße überführt werden.

Es hat sich sowohl für die Anwachsrate wie für die Festhaftung der Zellen bei längerer Kulturdauer als günstig erwiesen, Kulturgefäße mit Kollagen-beschichteten Oberflächen zu benutzen. Sterile Kollagenlösung (s. Medien) wird in einem dünnen Film auf den Boden einer Kulturschale (Costar, Falcon oder Nunc) verteilt und soll vor Gebrauch einige Stunden an der Luft trocknen.

Die Wahl der Kulturgefäße richtet sich nach der Methode, mit der man Differenzierung beobachten und nachweisen möchte: Deckgläser in Petrischalen, Plastikpetrischalen unterschiedlicher Größe, Schalen mit einem Boden aus Biofolie. Wichtig ist in jedem Fall, daß der Titer der einzuimpfenden Zellen hoch liegt – er sollte nie unter 2×10^6 Zellen/ml liegen, da längst nicht alle lebenden Zellen anwachsen, sich vermehren und/oder differenzieren. Es ist üblich, in eine Plastikpetrischale von 5 bzw. 3 cm Durchmesser 4 bzw. 1.5-2 ml einzuimpfen. Die beimpften Schalen werden bei 37°C in einem Brutschrank mit H_2O-gesättigter Luft und 5% CO_2 inkubiert.

In 3-5 Tagen bilden die eingeimpften Gliazellen durch Vermehrung einen mehr oder weniger dicht vernetzten Zellrasen, auf dem sich die Neuroblasten festsetzen und Fortsätze ausbilden. Um ein Überwuchern nicht-neuronaler Zellen zu verhindern, wird ihre Teilung gestoppt, wenn eine relativ dichte Vernetzung erreicht bzw. ein fast geschlossener Zellrasen gebildet ist. DME-A (Anwachsmedium) wird abpipettiert und durch DME-D (Differenzierungsmedium) mit einem Zusatz von 15 µg/ml Fluordesoxyuridin (FdU) und 35 µg/ml Uridin angegeben. Statt FdU kann auch Cytosinarabinosid (10^{-5}M) angewandt werden. Diese Substanzen verhindern durch Blockierung der DNA-Synthese schließlich die Zellproliferation. Das FdU-Medium wird nach 24 h von der Kultur abgespült und durch frisches DME-D ersetzt, welches alle 3-4 Tage zu erneuern ist.

Bei Einhaltung der Sterilität und regelmäßigem Füttern kann eine solche Kultur 2-3 Monate am Leben gehalten werden. Bei der Beobachtung und Fütterung ist darauf zu achten, daß die Kulturen nicht plötzlich abkühlen und keinen empfindlichen CO_2-Verlust erleiden.

Differenzierung kann u.a. charakterisiert werden durch eine für Zellkulturen modifizierte Silberimprägnierung (R. Böhm) nach

Sevier AC, Munger BL (1965) A silver method for paraffin sections of neural tissue. J Neuropathol Exp Neurol 24:130-135

Fixiert wird mit Glutaraldehyd anstelle von Formaldehyd; das Auswachsen des Glutaraldehydes muß mit 70% Äthanol (statt H_2O) erfolgen. Fluoreszenzhistochemische Darstellung von Monoaminen erfolgt wie unter 3.3.4 beschrieben.

Medien

DME	= Dulbecco's modifiziertes Eagle-Medium (Fa. Seromed, München)
DME-G	= Grundmischung, auf 96 ml DME 1 ml 200 mM Glutamin (Gibco) 1 ml 300 mM Glukose (Merck) 2 ml 1 M Hepes-Puffer pH 7.3 (Gibco)
DME-A	= Anwachsmedium, auf 80 ml DME-G 10 ml foetales Kälberserum (Seromed, München) 10 ml Pferdeserum (Difco, O. Nordwald, Hamburg) 1 ml mit 10.000 E Penicillin und 10 mg Streptomycin (Gibco)
DME-D	= Differenzierungsmedium, auf 90 ml DME-G 10 ml Pferdeserum (Difco)
DME mit FdU und Uridin, auf 100 ml DME-D	= 1 ml mit 1.5 mg FdU und 3.5 mg Uridin
PBS-Dulbecco	= Dulbecco's phosphatgepufferte Salzlösung (Gibco)
PBS-GPS	= PBS-Dulbecco mit Glukose, Penicillin und Streptomycin: auf 100 ml PBS-Dulbecco 1 ml 300 mM Glukose 1 ml mit 10.000 E Penicillin und 10 mg Streptomycin (Gibco)

Kollagen-Lösung

50 mg calf skin collagen (Calbiochem) in 100 ml H_2O + 100 µl Eisessig 12 h bei 20°C unter Rühren lösen. Sterilfiltrieren durch Membranfilter von 0.2 µm Porenweite. Ein Tropfen genügt für eine 35 mm-Schale; antrocknen lassen über Nacht bei 20°C oder 1 h bei 60°C.

6.2 Kultur von chromaffinen Zellen aus dem Nebennierenmark

Nebennierenmark junger bis adulter Säugetiere (z.B. Kaninchen) enthält außer Kapillaren zwei Typen von sekretorischen Neuronen, die Norepinephrin (NE) bzw. Epinephrin (E) speichern. Diese Neuronen lassen sich in kurzfristigen Erhaltungskulturen auf ihre differenzierten Funktionen in vitro untersuchen, ferner aufgrund ihres großen Proliferationsvermögens klonisch vermehren und damit voneinander trennen, und sie können durch Dibutyryl-cAMP und evtl. weitere Zusätze zum Kulturmedium zur Differenzierung (z.B. Produktion von NE) gebracht werden. Der vielfältigen Nutzbarbeit dieses gut zugänglichen Neuronen-Modells wegen seien diese drei Systeme kurz skizziert.

Präparation des Nebennierenmarks und Ansatz von Kulturen

Nebennieren werden nach 2.2 gewonnen. Die Präparation von kulturfähigen Zellen kann erfolgen nach

Hochmann J, Perlman RL (1976) Catecholamine secretion by isolated adrenal cells. Biochim Biophys Acta 421:168-175 oder

Brooks JC (1977) The isolated bovine adrenomedullary chromaffine cell: a model of neuronal excitation-secretion. Endocrinology 101:1369-1378

Zum Ansetzen der Kultur werden Kollagen-beschichtete Plastikschalen oder Deckgläser empfohlen (vgl. 6.1, Medien).

Kurzfristige Erhaltung der Differenzierung

Sie gelingt in Suspension bzw. "monolayer" in verschiedenen ähnlichen Puffern. Es wird auf die folgenden Originalarbeiten verwiesen:

Schneider AS, Herz R, Rosenheck K (1977) Stimulus-secretion coupling in chromaffin cells isolated from bovine adrenal medulla. Proc Natl Acad Sci USA 74:5036-5040

Liang BT, Perlman RL (1979) Catecholamine secretion by hamster adrenal cells. J Neurochem 32:1972-1933

Vermehrung und Klonierung von NE-speichernden Neuronen

Böhm R (unveröffentlichte Ergebnisse)

Die nach Hochman oder Brooks isolierten chromaffinen Zellen werden zu 200-500/3 ml in eine Kollagen-beschichtete Petripermschale (Heraeus) eingeimpft, bei 37°C mit 5% CO_2 in H_2O-gesättigter Luft inkubiert und alle 3 Tage mit frischem Medium DME-A mit einem Zusatz von 0.5 mM Dibutyryl-cAMP versehen. Klone können nach 5-8 Tagen durch Ausschneiden aus der Biofolie und Ablösen der Zellen mit Trypsin isoliert und weiter vermehrt sowie schließlich folgendermaßen zur Differenzierung gebracht werden:

Differenzierung von NE-speichernden Neuronen

Differenzierung der chromaffinen Zell-Klone erfolgt nach Auswechseln des Mediums gegen DME-D (s. 6.1) mit 0.5 mM Dibutyryl-cAMP. Die Differenzierung kann modifiziert werden durch weitere Zusätze von NE, Nerve Growth Factor (NGF) oder Corticosteroiden. Corticosteroide wirken der von NGF geförderten Ausbildung langer Fortsätze entgegen (Unsicker K et al (1978) Proc Natl Acad Sci USA 75:3498-3502); sie wirken auch der Abflachung und Ausbreitung der chromaffinen Zellen auf der Kulturfläche entgegen, so daß diese u.U. kugelig bleiben. Dies ist für elektrophysiologische Untersuchungen mit intracellulären Elektroden von Vorteil. NE-Speicherung seitens der Zellen läßt sich wie oben beschrieben demonstrieren (3.3.4). Über Methoden zur Messung der Speicherung und Freisetzung von NE aus isolierten chromaffinen Zellen auf bestimmte Reize vgl. die Literaturangaben unter D 16 und 17.

7. Literatur für weitere Methoden der Probenentnahme und -vorbereitung

7.1 Antiseren, Herstellung von

Brown RK (1967) Immunological techniques (general). Methods Enzymol 11:917-927

Harboe N, Ingild A (1973) Immunization, isolation of immunoglobulins, estimation of antibody titre. In: Axelsen NH, Kröll J, Weeke B (Hrsg) A manual of quantitative immunoelectrophoresis, methods and application. Scand J Immunol 2:Suppl 1

7.2 Elektrische Reizung von Zellen und Geweben

Farnebo LO, Hamberger B (1971) Drug-induced changes in the release of ^{3}H-monoamines from field-stimulated rat brain slices. Acta Physiol Scand Suppl 371:35-44

Schacht U, Leven M, Bäcker G (1977) Studies on brain metabolism of biogenic amines. Br J Clin Pharmacol 4:77S-87S

7.3 Entnahme von Blut durch kanülierte Arterien

Popper CW, Chiueh CC, Kopin IJ (1977) Plasma catecholamine concentrations in unanesthetized rats during sleep, wakefulness, immobilization and after decapitation. J Pharmacol Exp Ther 202:144-148

7.4 Immunfluoreszenz, Nachweis von Antigenen durch

Goldman M (1968) Fluorescence antibody methods. Academic Press, New York London

Eng LF, Bigbee JW (1978) Immunohistochemistry of nervous system-specific antigens. Adv Neurochem 3:43-98

Barclay AN (1979) Localization of the Thy-1 antigen in the cerebellar cortex of rat brain by immunofluorescence during postnatal development. J Neurochem 32:1249-1257

7.5 Push-Pull-Kanülenmethode

Stadler H, Lloyd KG, Gadea Ciria M, Bartholini G (1973) Enhanced striatal acetylcholine release by chlorpromazine and its reversal by apomorphine. Brain Res 55:476-480

Bartholini G, Stadler H, Gadea Ciria M, Lloyd KG (1976) The use of the push-pull cannula to estimate the dynamics of acetylcholine and catecholamines with various brain areas. Neuropharmacology 15:515-519

7.6 Radioautographische Lokalisation von Aktivität im Gehirn

Sokoloff L, Reivich M, Kennedy C, Des Rosiers MH, Patlak CS, Pettigrew KD, Sakurada O, Shinohara M (1977) The [^{14}C]deoxyglucose method for the measurement of local cerebral glucose utilization: theory, procedure, and normal values in the conscious and anesthetized albino rat. J Neurochem 28:897-916

7.7 Synaptosomen, synaptosomale Plasmamembranen und Vesikeln, Präparation von

Hajós F (1975) An improved method for the preparation of synaptosomal fractions in high purity. Brain Res 93:485-489
Jones DG (1975) Synapses and synaptosomes. Chapman and Hall Ltd, London

7.8 Verhaltenstests

Sidman M (1953) Avoidance conditioning with brief shock and no exteroceptive warning signal. Science 118:157-158
Geller I, Seifter J (1960) The effects of meprobamate, barbiturates, d-amphetamine, and chlorpromazine on experimentally induced conflict in the rat. Psychopharmacology 1:482-492
Sepinwall J, Cook L (1978) Behavioral pharmacology of antianxiety drugs. In: Iversen LL, Iversen SD, Snyder SH (eds) Handbook of psychopharmacology, vol 13. Plenum Press, New York, pp 345-393

B. Hinweise für die Durchführung der Bestimmungsmethoden

1. Allgemeines

Eindeutig geht der Trend dahin, in immer kleineren Hirnarealen, mit immer geringeren Volumina Serum oder Liquor Untersuchungen durchzuführen. Waren noch vor wenigen Jahren biochemische Untersuchungen am Ganzhirn der Ratte die Regel bzw. waren Inkubationsvolumina von mehreren Millilitern die Norm, so ist man heute in der Lage, Bestimmungen mehrerer Enzyme bzw. Transmitter (oder deren Metabolite) in winzigen Gewebeproben vorzunehmen. Man hat inzwischen gelernt, mit Hilfe der Stanztechnik über 30 Kerngebiete des Ratten-Hypothalamus zu präparieren. Dank verfeinerter Technik bei der Herstellung von Pipetten sind Inkubationsvolumina von wenigen Mikrolitern nichts Ungewöhnliches mehr. Eine weitere wichtige Voraussetzung für solche Arbeiten ist die Synthese käuflicher Radiochemikalien mit hoher spezifischer Aktivität, die in manchen Fällen bis an die Grenze des theoretisch Erreichbaren getrieben wurde. Zu erwähnen ist ferner die Entwicklung neuer Konzepte wie z.B. der Radioimmunoassay, wodurch Messungen im Femtomol-Bereich (10^{-15} Mol) möglich geworden sind.

Grundsätzlich läßt sich die Empfindlichkeit einer biochemischen Bestimmungsmethode durch Verringerung des Volumens (bei gleichbleibenden Konzentrationen) steigern. Nebenbei spart man Reagenzien (und senkt so den anfallenden radioaktiven Abfall) und Zeit (z.B. beim Trocknen oder Lyophilisieren von Lösungen). Nachteilig sind die hierfür erforderliche teurere Ausrüstung sowie die nur begrenzte Möglichkeit der Automatisierung. Beim Arbeiten mit Volumina von wenigen Mikrolitern ist peinlich genaues Arbeiten für gute und reproduzierbare Ergebnisse unabdingbar. Ein winziges Tröpfen zuviel oder zuwenig an radioaktiver Lösung kann eine Bestimmung wertlos machen.

Die Empfindlichkeit der beschriebenen oder zitierten Bestimmungsmethoden lassen sich in etwa wie folgt abstufen:

Spektrophotometrie

< Fluorometrie

< Gaschromatographie

< Radiochemische Verfahren

≦ Massenspektrometrie

≦ Radioimmunoassay

Welche dieser Methoden für die Bestimmung einer Substanz in Frage kommt, hängt in erster Linie von den apparativen Möglichkeiten ab bzw. von der Umgangsgenehmigung für Radioisotope. Darüberhinaus sind gewünschte Genauigkeit, Zeitbedarf und Automatisierbarkeit zu berücksichtigen.

In zunehmendem Maße werden kommerzielle Testbestecke zur Bestimmung von Enzymaktivitäten und biologisch relevanten Substanzen angeboten. Wer eine Untersuchung nur gelegentlich durchführt, zudem den Aufwand scheut, selbst einen Test in Gang zu bringen, sollte auf diese (allerdings nicht billige) Möglichkeit zurückgreifen. Vor allem bei Bestimmungen von Stoffen, die nur in geringer Konzentration vorliegen (z.B. cGMP), ist die Benutzung eines käuflichen Radioimmunoassays (RIA) die Methode der Wahl.

Im folgenden sind einige Hinweise für die Durchführung der Tests gegeben.

Alle Untersuchungen werden, wenn nicht anders vermerkt, mit Doppelbestimmungen durchgeführt.

Zur Erhöhung der Reproduzierbarkeit der Enzymtests stellen wir ein sogen. Standard-Homogenat her, das bei jedem Versuch als Referenz mitläuft. Es wird in kleinen Portionen bei -80°C gelagert und von Zeit zu Zeit durch ein frisch bereitetes Homogenat ersetzt.

Wir verwenden fast ausschließlich Kunststoffröhrchen (Polypropylen oder Polystyrol), die folgende Vorteile aufweisen:

1. der niedrige Preis erlaubt Einmalgebrauch (keine Spülmittelrückstände);
2. mangelnde Benetzbarkeit durch wäßrige Lösungen läßt selbst in 4 ml-Röhrchen Inkubationsvolumina von wenigen Mikrolitern zu;
3. Bruchsicherheit.

Für die Untersuchungen verwenden wir generell deionisiertes und danach Quarz-destilliertes Wasser.

Bei Berechnungen von Konzentrationen ist auch die (allerdings meist geringe) Konzentration einer radioaktiv markierten Substanz zu berücksichtigen.

Die zur Berechnung der spezifischen Enzymaktivitäten (s. B.3) notwendigen Inkubationszeiten bzw. maximalen Proteinkonzentrationen sollten in jedem Labor bezüglich ihrer Linearität ermittelt werden. Die hier angegebenen Inkubationszeiten gewährleisten in unserem Labor eine lineare Beziehung zwischen Enzymaktivität und Zeit.

Für jede neue Enzympräparation ist eine Optimierung des Verhältnisses cpm-Experiment zu cpm-Blindwert durchzuführen.

Kriterium für die Nachweisempfindlichkeit einer Methode ist aus statistischen Überlegungen der doppelte Blindwert. Beispiel: Der Blindwert bei einer Serotonin-Bestimmung beträgt 280 cpm. 0.3 pMol Serotonin ergeben 570 cpm. Subtrahiert man 280 cpm für den

Blindwert, so entsprechen 290 cpm 0.3 pMol Serotonin. Mit dieser Methode lassen sich noch ca. 0.3 pMol Serotonin in 5 µl Gewebeextrakt zuverlässig nachweisen.

Beim Arbeiten mit Radioisotopen sind die Sicherheitsvorschriften (Strahlenschutzverordnung) strikt einzuhalten.

Zur Bestimmung der Zählausbeute des Flüssigkeit-Szintillationszählers verwendet man speziell für diesen Zweck hergestellte radioaktiv markierte Substanzen. So bietet die Fa. Amersham-Buchler ^{14}C, ^{3}H und ^{35}S in Form von Standard-Lösungen mit einer definierten Radioaktivität pro Gewichtseinheit an.

Die endgültige Zählung der Proben sollte erst nach mindestens 12stündigem Aufbewahren im Flüssigkeits-Szintillationsspektrometer durchgeführt werden. Bei chemilumineszierenden Lösungen muß u.U. mehrere Tage bis zum Abklingen der Chemilumineszenz gewartet werden.

Zur Auswertung der Testergebnisse ist die Benutzung eines programmierbaren Elektronenrechners zu empfehlen.

2. Laborgeräte

Die hier alphabetisch aufgeführten Geräte sind Empfehlungen. Sie haben sich in unserem Labor zur Durchführung der mikrochemischen Bestimmungsmethoden bzw. zur Probengewinnung bewährt.

Autoklav (Münchener Medizin Mechanik, Planegg bei München)

Bestecke (Gebrüder Martin, Tuttlingen)

Brutschrank B 5060 EK/O_2 (Heraeus GmbH, Hanau)

Dilumatik (Braun, Melsungen)

Dilustatik V (Braun, Melsungen)

Dispensette
Zum schnellen und rationellen Abmessen größerer Volumina benutzen wir Dispensetten der Fa. Brand, Wertheim, die auf die Vorratsflaschen aufgeschraubt werden.

Gefriermikrotom Cryo-Cut II (American Optical, Buffalo, N.Y., USA; Vertrieb: W. Pabisch KG, München)

Guillotine (Harvard Apparatus, Millis, Mass., USA; Vertrieb: Heinz Albrecht Instrumente GmbH & Co., München)

Heißluftsterilisator TUH 60160 (W.C. Heraeus GmbH, Hanau)

Impfbank Bioflow (Germfree Laboratories Inc., Miami, Fa., USA)

Inverses Mikroskop Diavert mit Heiztisch 80 (E. Leitz GmbH, Wetzlar)

Kaltlichtleuchte einfach (Schott, Gen. Mainz)

Kaltlichtleuchte mit 2 Lampen (Carl Zeiss, Oberkochen)

Lyophilisiergerät (Virtis, Gardiner, New York, USA)

Micro-Ultrasonic Cell Disrupter (Kontes, Vineland, N.J., USA)

Photomikroskop II mit Fluoreszenzeinrichtung für Auflicht (Carl Zeiss, Oberkochen)

Pipetten
Zum Pipettieren von Volumina bis 50 µl verwenden wir ausschließlich Konstriktionspipetten der Firma Pedersen, Kopenhagen, Dänemark. Volumina über 50 µl werden mit den handelsüblichen automatischen Pipetten mit Kunststoffspitzen (Eppendorf, Pipetman etc.) pipettiert.

Pipettenspitzen (Sarstedt, Nümbrecht)

Polypropylen(PPN)- und Polystyrol-Röhrchen verschiedener Größe (Sarstedt, Nümbrecht)

Polystyrol-Röhrchen mit Heparinat (Sarstedt, Nümbrecht)

Probenkonzentrator SC/48 (Desaga, Heidelberg)

Reagenzglas-Rotator (GFL, Hannover)

Schüttelwasserbad Typ 1083 (GFL, Hannover)

Spezialröhrchen zur CO_2-Absorption
Diese Röhrchen für die AADC-, TrpOH- und GAD-Bestimmung werden in Anlehnung an die bei Ellenbogen L, Markley E, Taylor RJ Jr (1969) (Biochem Pharmacol 18:683) beschriebenen Röhrchen angefertigt.

Stanzgerät (Feinmechanikermeister G. Lüllemann, MPI für exp. Medizin, Göttingen)

Stereomikroskop Typ IV B (Carl Zeiss, Oberkochen)

Stereomikroskop M III mit Tischstativ (Wild, Heerbrugg, Schweiz)

β-Strahlen-Zählgerät Tricarb (Packard, Frankfurt/M.)
Zählausbeute für ^{3}H : ca. 42% in Lösung
ca. 14% im Selectron-Filter
Zählausbeute für ^{14}C: ca. 85% in Lösung
ca. 82% im Selectron-Filter

γ-Strahlen-Zählgerät Prias-Auto-Gamma (Packard, Frankfurt/M.)
Zählausbeute für ^{125}J: ca. 85%

Tieroperationstische für verschiedene Säuger (Braun, Melsungen)

Umbettungströge (Feinmechanikermeister G. Lülleman, MPI für exp. Medizin, Göttingen)

Vergrößerungsapparat Laborator 54 für große Negative (Durst AG, Hamburg)

Vibratom (Oxford Laboratories GmbH, München)(dazu Modifikationen: G. Lüllemann, Göttingen)

Zeichenapparat (Carl Zeiss, Oberkochen)

Zentrifugen
Labofuge III (Heraeus Christ, Osterode)
Servall RC II, gekühlt (Vertrieb: Hormuth u. Vetter, Heidelberg)

3. Rechenbeispiele

Im folgenden sind einige typische Beispiele für die Berechnung der spezifischen Aktivität eines Enzyms angegeben. Die zu dieser Berechnung notwendigen Inkubationszeiten bzw. Proteinkonzentrationen sollten in jedem Labor bezüglich ihrer Linearität ermittelt werden. Die hier angegebenen Inkubationszeiten gewährleisten in unserem Labor eine lineare Beziehung zwischen Enzymaktivität und Zeit.

I. TOH (10 µl-Reaktionsgemisch)

Blindwert:	458 cpm	(Mittel aus Doppelwerten)
Experiment:	11331 cpm	
Eingesetzte Radioaktivität:	95600 cpm	

Da die Proben unter identischen Bedingungen gezählt werden, erübrigt sich eine Umrechnung auf dpm.

Umsatz in der Reaktion: $\frac{(11331-458) \times 100}{95600} = 11.37\%$

10 µl Reaktionsgemisch enthalten 450 pMol L-Tyr, 11.37% des eingesetzten L-Tyr entsprechen 51.17 pMol.
In 15 min setzen 5 µl Homogenat (enthalten 26.2 µg Protein) 51.17 pMol L-Tyr um. Die Wiederfindungsrate des L-DOPA beträgt 84.7%.

In 1 Stunde werden pro mg Protein

$51.17 \times \frac{100}{84.7} \times \frac{60}{15} \times \frac{1000}{26.2}$ = 9223 pMol L-Tyr umgesetzt.

Spezifische Aktivität der TOH: 9.22 nMol L-DOPA/h × mg Protein.

II. AADC (20 µl-Reaktionsgemisch)

1. Berechnung der Zählausbeute

5 µl ^{14}C-$NaHCO_3$-Lösung (10 nCi; spezif. Aktiv. 8.6 mCi/mMol) werden unter Versuchsbedingungen mit 50% Schwefelsäure decarboxyliert. Zählen des Filterpapiers im Flüssigkeits-Szintillationsspektrometer ergibt 14230 cpm.

Zählausbeute: $\frac{14230 \times 100}{22000} = 64.68\%$

2. Berechnung der spezifischen Aktivität

Blindwert:	351 cpm	(Mittel aus Doppelwerten)
Experiment:	7653 cpm	
Eingesetzte Radioaktivität:	110000 dpm	

Umsatz in der Reaktion: $\frac{(7653-351) \times \frac{100}{64.68} \times 100}{110000} = 10.26\%$

20 µl Reaktionsgemisch enthalten 6.33 nMol L-DOPA, 10.26% des eingesetzten L-DOPA entsprechen 0.65 nMol L-DOPA.
In 20 min setzen 5 µl Homogenat (enthalten 10.7 µg Protein) 0.65 nMol L-DOPA um.

In 1 Stunde werden pro mg Protein

$$0.65 \times \frac{60}{20} \times \frac{1000}{10.7} = 182.2 \text{ nMol L-DOPA umgesetzt.}$$

Spezifische Aktivität der AADC: 182.2 nMol CO_2/h × mg Protein.

III. DBH (30 µl-Reaktionsgemisch)

Blindwert:	235 cpm	(Mittel aus Doppelwerten)
Experiment:	1041 cpm	
Experiment + 0.21 nMol Octopamin:	1866 cpm	

Da die Proben unter identischen Bedingungen gezählt werden, erübrigt sich eine Umrechnung auf dpm.

$$\frac{\text{Octopamin (durch DBH gebildet)}}{\text{Octopamin (int. Standard)}} = \frac{1041 - 235}{1866 - 1041} = 0.98$$

In 45 min werden mit 10 µl Homogenat (enthalten 24.8 µg Protein)

$$0.98 \times 0.21 = 0.206 \text{ nMol Synephrin gebildet}$$

In 1 Stunde werden pro mg Protein

$$0.206 \times \frac{60}{45} \times \frac{1000}{24.8} = 11.07 \text{ nMol Synephrin gebildet.}$$

IV. MAO (20 µl-Reaktionsgemisch)

Blindwert:	738 cpm	(Mittel aus Doppelwerten)
Experiment:	11075 cpm	
Eingesetzte Radioaktivität:	110000 dpm	

Umsatz in der Reaktion:

$$\frac{(11075-738) \times \frac{100}{84.9} \times 100}{110000} = 11.07\%$$

20 µl Reaktionsgemisch enthalten 3.5 nMol Tryptamin, 11.07% des eingesetzten Tryptamins entsprechen 0.387 nMol.
In 20 min setzen 10 µl Homogenat (enthalten 31.1 µg Protein) 0.387 nMol Tryptamin um. 2.5 von 3.2 ml werden im Flüssigkeits-Szintillationsspektrometer gezählt.

In 1 Stunde werden pro mg Protein

$$0.387 \times \frac{60}{20} \times \frac{1000}{31.1} \times \frac{3.2}{2.5} = 47.8 \text{ nMol Tryptamin umgesetzt.}$$

Spezifische Aktivität der MAO: 47.8 nMol ^{14}C-Metabolite/h × mg Protein.

C. Bestimmungsmethoden

1. Tyrosinhydroxylase (TOH) (optimiert für Striatum der Ratte)

Modifikation der Methode von

Nagatsu T, Levitt M, Udenfriend S (1964) Tyrosine hydroxylase. J Biol Chem 239:2910-2917

(Tyrosinhydroxylase 1.14.16.2)

Vorkommen des Enzyms

Nebennierenmark, Gehirn, Milz, Herz, Speicheldrüsen, Vas deferens.

Substrate

L-Tyrosin, L-Phenylalanin.

Inhibitoren

L-α-Methyl-p-tyrosin, DL-3-Jod-α-methyl-p-tyrosin, α,α'-Dipyridyl, o-Phenanthrolin.

Eigenschaften

Teils membrangebunden, teils löslich; Proportion von gebundenem zu löslichem Enzym je nach Organ und Spezies. Aktivität abhängig von L-Tetrahydrobiopterin (BH_4) als Cofaktor.

Biologische Bedeutung

Geschwindigkeitsbestimmendes Enzym der Catecholaminbiosynthese.

Reaktionsablauf

$$HO-C_6H_4-CH_2-\underset{NH_2}{\overset{H}{C}}-COOH \xrightarrow[BH_4,\,O_2]{TOH} HO-C_6H_3(OH)-CH_2-\underset{NH_2}{\overset{H}{C}}-COOH$$

^{14}C-L-Tyrosin $\qquad$ ^{14}C-L-DOPA

Die Tyrosinhydroxylase hydroxyliert das Ring-C-Atom 3 des ^{14}C-L-Tyrosins. Das gebildete ^{14}C-L-DOPA wird aufgrund der Brenzkatecholstruktur an Aluminiumoxid gebunden und wird nach Auswaschen des nicht umgesetzten ^{14}C-L-Tyrosins mit Salzsäure eluiert.

Material

Brocresin (NSD-1055) (DOPA-Decarboxylase-Inhibitor	(Geschenk der Fa. Lederle, München)
L-Tetrahydrobiopterin (BH_4)	(Geschenk der Fa. Roche, Basel)
L-(U-^{14}C)-Tyrosin (500 mCi/mMol; 50 nCi/µl)	(Amersham-Buchler)
L-Tyrosin	(Sigma)
Aluminiumoxid (neutral, Aktiv.-Stufe III)	(Woelm)
2-Mercaptoäthanol	(Fluka)
L-3.4-Dihydroxyphenyl(3-^{14}C)-alanin (20 mCi/mMol) (^{14}C-DOPA)	(Amersham-Buchler)
L-3.4-Dihydroxyphenylalanin (L-DOPA)	(Merck)
Katalase aus Rinderleber	(Boehringer)
Titriplex III	(Merck)
Triton X-100	(Serva)
Unisolve-100	(Zinsser)

Testansatz (20 µl-Reaktionsgemisch)

			Endkonz.
Mix: Na-acetat, 2 M (pH 6.0)	2 µl	7 µl	200 mM
Brocresin, 2 mM	1 µl		100 µM
BH_4, 5 mM	2 µl		500 µM
Katalase (ca. 100 U/µl)	2 µl		
Homogenat (Gewebe in eiskaltem 50 mM Tris-acetat (pH 6.0) mit 0.2 Vol.% Triton X-100 (Homogenisierpuffer) homogenisieren (1:20; w/v), dann 10 min bei 10 000 g zentrifugieren. Im Überstand wird die Enzymaktivität bestimmt)		10 µl	
^{14}C-L-Tyrosin, s.o.	1 µl	3 µl	45 µM
L-Tyrosin, 400 µM	2 µl		

Man startet die Reaktion durch Zugabe des ^{14}C-L-Tyrosins, inkubiert 15 min bei 37°C im Schüttelwasserbad (4 ml-PPN-Röhrchen) und stoppt mit 1.5 ml 2.5% Trichloressigsäure, die 1 mg L-DOPA/100 ml enthält. Der Inhalt jedes Röhrchens wird in ein 14 ml-PPN-Röhrchen mit 3.5 ml Pufferlösung und 0.4 g Al_2O_3 dekantiert. Man beläßt die Röhrchen 10 min am Rotator und gießt den Inhalt jedes Röhrchens in eine mit Watte verschlossene Sarstedt-Pipettenspitze. Das Röhrchen wird mit 2 ml Wasser nachgespült, die Spülflüssigkeit ebenfalls in die Pipettenspitze gebracht. Dann wird zuerst mit 4 × 4 ml Wasser, darauf mit 4 × 3 ml verd. Essigsäure (pH 3.5) vorgewaschen, mit 2 × 1.2 ml 0.5 N HCl direkt in ein Zählgläschen eluiert, dazu 12 ml Unisolve-100 gegeben und mit Hilfe eines Flüssigkeits-Szintillationsspektrometers gezählt.

Falls wenig Gewebe zur Verfügung steht (Stanzproben), empfiehlt sich ein kleineres Inkubationsvolumen. Die Genauigkeit des Tests leidet nur geringfügig unter der Verringerung des Volumens. Folgende Ansätze von Reaktionsgemischen zu 10, 5 bzw. 2.5 µl sind erprobt worden:

			Endvolumen
Mix: Na-acetat, 2 M (pH 6.0)	1 µl	3 µl	10 µl
Brocresin, 2 mM	0.5 µl		
BH_4, 10 mM	0.5 µl		
Katalase (ca. 100 U/µl)	1 µl		
Homogenat		5 µl	
^{14}C-L-Tyrosin, s.o.	1 µl	2 µl	
L-Tyrosin, 350 µM	1 µl		
Mix: Na-acetat, 2 M (pH 6.0)	0.5 µl	2 µl	5 µl
Brocresin, 2 mM	0.25 µl		
BH_4, 10 mM	0.25 µl		
Katalase (ca. 100 U/µl)	0.5 µl		
Homogenisierpuffer	0.5 µl		
Homogenat		2 µl	
^{14}C-L-Tyrosin, s.o.	0.9 µl	1 µl	
L-Tyrosin, 1.35 mM	0.1 µl		
Mix: Na-acetat, 2 M	0.25 µl	1 µl	2.5 µl
Brocresin, 2 mM	0.125 µl		
BH_4, 10 mM	0.125 µl		
Katalase (ca. 100 U/µl)	0.25 µl		
Homogenisierpuffer	0.25 µl		
Homogenat		1 µl	
^{14}C-L-Tyrosin, s.o.	0.4 µl	0.5 µl	
L-Tyrosin, 725 µM	0.1 µl		

Anmerkungen

1. Blindwert: Standard-Homogenat 5 min bei 95°C erhitzen. Man findet ca. 0.5-0.6% der eingesetzten Radioaktivität.
2. L-Tetrahydrobiopterin (BH_4), in 1 mM 2-Mercaptoäthanol gelöst, kann in kleinen Portionen bei -30°C gelagert werden.
3. Brocresin-Lösungen können im Kühlschrank für mindestens 3 Monate aufbewahrt werden.
4. Katalase-Verdünnungen täglich frisch mit Wasser bereiten.
5. Die nötige Al_2O_3-Menge wird mit einem kalibrierten Glasröhrchen abgemessen.
6. Pipettieren der Mixbestandteile in der angegebenen Reihenfolge.
7. Pufferlösung: 1 M Tris-HCl (pH 8.7) 9.5 ml
   Titriplex III, 200 mM 0.5 ml
8. Aluminiumoxid (Al_2O_3, neutral): Die gewünschte Aktivitätsstufe wird nach Gebrauchsanweisung mit destilliertem Wasser eingestellt. Gut schütteln, um Klumpenbildung zu vermeiden! Eine Reinigung des Al_2O_3, wie sie von manchen Autoren für die Adsorption von Catecholaminen an Al_2O_3 beschrieben wird, hat sich als überflüssig erwiesen.

9. Der Umsatz in der Testreaktion sollte zur Einhaltung der Linearität nicht mehr als 10% betragen.
10. Bei jedem Versuch läßt man 2 Röhrchen mit ^{14}C-L-DOPA zur Bestimmung der Ausbeute mitlaufen; sie sollte 83-85% des eingesetzten ^{14}C-L-DOPA betragen.
11. Die Röhrchen können nach dem Stoppen der Umsetzung mit Trichloressigsäure bei -30°C für einige Tage gelagert werden, falls die Bestimmung erst später erfolgen soll.

Pro Person und Arbeitstag können ca. 50 TOH-Bestimmungen (mit Doppelwerten) durchgeführt werden.

Andere Methoden zur Messung der TOH-Aktivität sind:

1. Radiochemische Verfahren: Enzymatischer Austausch des Tritiums in ^{3}H-3.5-L-Tyrosin und Messung des tritiierten Wassers (Nagatsu T, Levitt M, Udenfriend S (1964) A rapid and simple radioassay for tyrosine hydroxylase activity. Anal Biochem 9:122-126).
Gekoppelte enzymatische Decarboxylierung des aus ^{14}C-(Carboxyl)-L-Tyrosin gebildeten ^{14}C-(Carboxyl)-L-DOPA und Messung des gebildeten $^{14}CO_2$ (Waymire JC, Bjur R, Weiner N (1971) Assay of tyrosine hydroxylase by coupled decarboxylation of DOPA formed from 1-^{14}C-L-tyrosine. Anal Biochem 43:588-600).

2. Fluorimetrische Bestimmungen: Aus L-Tyrosin gebildetes L-DOPA wird fluorimetrisch bestimmt: K-hexaxyanoferrat(III)-Methode (Nagatsu T, Yamamoto T (1968) Fluorescence assay of tyrosine hydroxylase activity in tissue homogenates. Experientia 24:1183-1184).
Trihydroxyindol-Methode (Yamauchi T, Fujisawa H (1978) A simple and sensitive fluorometric assay for tyrosine hydroxylase. Anal Biochem 89:143-150).

2. Aromatische L-Aminosäuredecarboxylase (AADC)

Modifikation der Methode von

Lamprecht F, Coyle JT (1972) DOPA decarboxylase in the developing rat brain. Brain Res 41:503-506

(Aromatische L-Aminosäuredecarboxylase 4.1.1.28)

Vorkommen des Enzyms

Leber, Gehirn, Niere, Nebenniere, Lunge, Herz.

Substrate

Aromatische L-Aminosäuren.

Inhibitoren

α-Methyl-DOPA, α-Methyl-5-hydroxytryptophan, N-m-Hydroxybenzyl-N-methylhydrazin (NSD-1034), N-(DL-Seryl)-N'-(2.3.4-trihydroxybenzyl)hydrazin (Ro-4-4602).

Eigenschaften

Das gereinigte Enzym aus Schweinenieren hat ein MG von ca. 112 000 Dalton. In der Polyacrylamid-Gelelektrophorese sind 3 Banden mit Molgewichten von 57 000, 40 000 bzw. 21 000 Dalton zu sehen. Das Enzym benötigt Pyridoxalphosphat als Cofaktor.

Biologische Bedeutung

Enzym der Catecholamin- und Serotonin-Biosynthese.

Reaktionsablauf

$$(HO)_2C_6H_3\text{-}CH_2\text{-}CH(NH_2)\text{-}\overset{*}{C}OOH \xrightarrow{AADC} (HO)_2C_6H_3\text{-}CH_2\text{-}CH_2\text{-}NH_2 + \overset{*}{C}O_2$$

^{14}C-L-DOPA → Dopamin

Die Aromatische L-Aminosäuredecarboxylase AADC decarboxyliert L-DOPA, dessen Carboxyl-C-Atom zum Zwecke des Tests radioaktiv markiert eingesetzt wird. Cofaktor ist Pyridoxalphosphat. Das abgespaltene radioaktive CO_2 wird durch die auf dem Filterpapier befindliche starke organische Base absorbiert.

Material

Pyridoxalphosphat	(Sigma)
^{14}C-(Carboxyl)-L-3.4-dihydroxyphenylalanin (7.9 mCi/mMol; 50 nCi/µl) (^{14}C-L-DOPA)	(Amersham-Buchler)
L-3.4-Dihydroxyphenylalanin (L-DOPA)	(Merck)
NCS-Solubilizer	(Amersham-Searle)
Filterpapier Nr.2316	(Schleicher & Schüll)
Triton X-100	(Serva)

Testansatz (40 µl-Reaktionsgemisch)

			Endkonz.
Mix: Na-phosphat, 130 mM (pH 7.2)	10 µl	20 µl	32.5 mM
Pyridoxalphosphat, 80 µM	5 µl		10 µM
Wasser	5 µl		
Homogenat (Gewebe in eiskaltem 50 mM Tris-HCl (pH 6.0) mit 0.2 Vol.% Triton X-100 (Homogenisierpuffer) homogenisieren (1:40; w/v), dann 10 min bei 10 000 g zentrifugieren. Im Überstand wird die Enzymaktivität bestimmt)		10 µl	
^{14}C-L-DOPA, s.o.	1 µl	10 µl	315 µM
L-DOPA, 3.15 mM	2 µl		
Wasser	7 µl		

Man inkubiert 20 min bei 37°C im Schüttelwasserbad (Spezialröhrchen zur CO_2-Absorption), stoppt die Reaktion mit 150 µl 50% Schwefelsäure (durch Schwenkung des Röhrchens) und läßt die Röhrchen weitere 90 min im Wasserbad. Zählen des Filterpapiers (ohne zu trocknen!) nach Zugabe von 10 ml Toluol mit 0.4% PPO im Flüssigkeits-Szintillationsspektrometer.

Falls wenig Gewebe zur Verfügung steht (Stanzproben), empfiehlt sich ein kleineres Inkubationsvolumen. Die Genauigkeit des Tests leidet jedoch unter der Verringerung des Volumens. Sorgfältiges Arbeiten ist hierbei von größter Wichtigkeit. Folgende Ansätze von Reaktionsgemischen zu 20 bzw. 10 µl sind erprobt worden:

			Endvolumen
Mix (wie oben)		10 µl	
Homogenat		5 µl	20 µl
^{14}C-L-DOPA, s.o.	1 µl	5 µl	
Wasser	4 µl		
Mix: Na-phosphat, 130 mM	2.5 µl	5 µl	
Pyridoxalphosphat, 80 µM	1.25 µl		
Homogenisierpuffer	0.5 µl		
Wasser	0.75 µl		
Homogenat		2 µl	10 µl
^{14}C-L-DOPA, s.o.	0.5 µl	3 µl	
Wasser	2.5 µl		

Anmerkungen

1. Blindwert: Standard-Homogenat 5 min bei 95°C erhitzen. Man findet ca. 1% der eingesetzten Radioaktivität.
2. L-DOPA-Lösungen täglich frisch mit 0.01 N HCl bereiten.
3. Präparation des Filterpapiers: 75 µl NCS-Solubilizer auftropfen lassen und eben antrocknen lassen.
4. Der Umsatz in der Testreaktion sollte zur Einhaltung der Linearität nicht mehr als 20% betragen.
5. Auquasol, Unisolve und ähnliche Szintillatoren nicht verwenden!

Pro Person und Arbeitstag können ca. 20 AADC-Bestimmungen (mit Doppelwerten) durchgeführt werden.

Eine neue interessante Variante, radioaktives CO_2 zu absorbieren und zu messen, geben Beaven MA, Wilcox G, und Terpstra GK (1978) an (A microprocedure for the measurement of $^{14}CO_2$ release from (^{14}C)carboxyllabeled amino acids. Anal Biochem 84:638-641).

P. Laduron und F. Belpaire (1968) setzen 2-^{14}C-L-DOPA als Substrat ein und extrahieren das gebildete ^{14}C-Dopamin mit Butanol (A rapid assay and partial purification of dopa decarboxylase. Anal Biochem 26:210-218)

T.R. Bosin, J.R. Baldwin und R.P. Maickel (1978) trennen radioaktives Substrat und Reaktionsprodukt an einem Ionenaustauscher:

Inhibition of DOPA decarboxylation by analogues of tryptophan. Biochem Pharmacol 27:1289-1291.

Eine einfache fluoreszenzspektroskopische Methode zur Bestimmung der AADC-Aktivität geben W. Lovenberg, H. Weissbach und S. Udenfriend (1962) an (Aromatic L-amino acid decarboxylase. J Biol Chem 237:89-93).

3. Dopamin-β-Hydroxylase (DBH) (optimiert für Hypothalamus der Ratte)

Modifikation der Methode von

Molinoff PB, Weinshilboum R, Axelrod J (1971) A sensitive assay for dopamine-β-hydroxylase. J Pharmacol Exp Ther 178:425-431

(Dopamin-β-Hydroxylase 1.14.17.1)

Vorkommen des Enzyms

Nebennierenmark, Gehirn, Herz, Serum.

Substrate

β-Phenyläthylamine: Dopamin, N-Methyldopamin, Tyramin, Amphetamin, Mescalin.

Inhibitoren

Benzylhydrazine, Diäthyldithiocarbamat, Disulfiram, Tropolon.

Eigenschaften

Kupferhaltiges Enzym mit einem Molgewicht von 2.9×10^5 (Rindernebennieren).

Biologische Bedeutung

Bildung von L-Norepinephrin aus Dopamin.

Reaktionsablauf

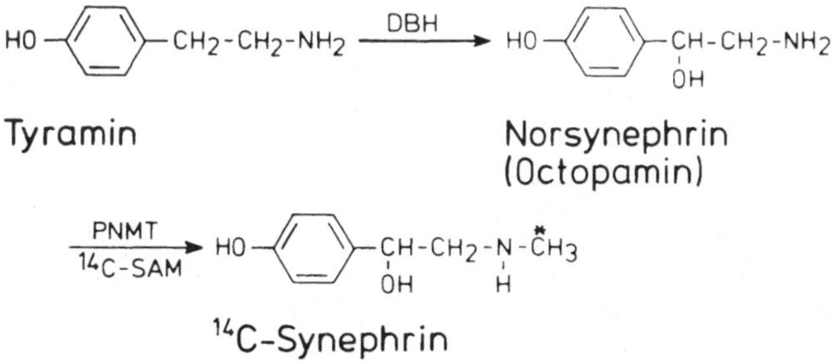

HO–C₆H₄–CH_2–CH_2–NH_2 —DBH→ HO–C₆H₄–CH(OH)–CH_2–NH_2

Tyramin — Norsynephrin (Octopamin)

—PNMT / ^{14}C-SAM→ HO–C₆H₄–CH(OH)–CH_2–NH–$\overset{*}{C}H_3$

^{14}C-Synephrin

Tyramin wird durch die DBH am β-C-Atom der Seitenkette zu Norsynephrin (Octopamin) hydroxyliert. In der zweiten Reaktion methyliert die Phenyläthanolamin-N-Methyltransferase (PNMT) unter Übertragung von ^{14}C-Methyl (aus ^{14}C-S-Adenosyl-L-methionin) am Stickstoff. Es entsteht ^{14}C-Synephrin. In alkalischer Lösung bleibt das ^{14}C-S-Adenosyl-L-methionin in der wäßrigen Phase, während das ^{14}C-Synephrin mit Toluol/Isoamylalkohol extrahiert werden kann.

Da die PNMT durch Bestandteile des Homogenates bzw. durch Cofaktoren für die DBH-Reaktion inhibiert wird, wird Octopamin als interner Standard eingesetzt (Berechnung der spezifischen Aktivität der DBH). Die Menge des durch die PNMT gebildeten Synephrins ist dem Octopamin direkt proportional.

Material

Pargylin (MAO-Inhibitor)	(Sigma)
Katalase (aus Rinderleber, ca.1600 U/μl)	(Boehringer)
Di-Na-fumarat	(Fluka)
Ascorbinsäure	(Merck)
Tyramin	(Sigma)
Octopamin-hydrochlorid	(Sigma)
^{14}C-S-Adenosyl-L-methionin (60 mCi/mMol; 25 nCi/μl) (^{14}C-SAM)	(Amersham-Buchler)
Unisolve-100	(Zinsser)
Triton X-100	(Serva)

Testansatz (30 μl-Reaktionsgemisch)

				Endkonz.
Mix I:	Tris-HCl, 720 mM (pH 5.5)	1 μl	5 μl	36 mM
	Pargylin, 17 mM	0.5 μl		425 μM
	Katalase	0.5 μl		
	Di-Na-fumarat, 178 mM (pH 6.0)	1 μl		8.9 mM
	Ascorbinsäure, 157 mM (pH 5.0)	0.5 μl		3.9 mM
	Tyramin, 43 mM	0.5 μl		1.1 mM
	Wasser	1 μl		
$CuSO_4$, 1 mM			2 μl	100 μM
Wasser *oder* Octopamin-Lösung (s. Anm.2) (2.5 μl + 0.5 μl Wasser)			3 μl	
Homogenat (Gewebe in eiskaltem 50 mM Tris-HCl (pH 6.0) mit 0.2 Vol.% Triton X-100 (Homogenisierpuffer) homogenisieren (1:40; w/v), dann 10 min bei 10 000 g zentrifugieren. Im Überstand wird die Enzymaktivität bestimmt)			10 μl	

Man startet die Reaktion durch Zugabe des Homogenates, inkubiert bei 37°C im Schüttelwasserbad (4 ml-PPN-Röhrchen) und setzt nach 45 min 10 μl folgender Lösung zu:

Mix II:	Tris-HCl, 1.125 M (pH 8.6) (mit 13.4 mM EDTA)	3.5 µl	10 µl	
	^{14}C-SAM, s.o.	2 µl		27.8 µM
	PNMT	4.5 µl		

Nach weiteren 15 min Inkubation stoppt man die Reaktion mit 100 µl 500 mM Na-borat-Puffer (pH 10.0), gibt 50 µl Carrier-Lösung und 3.2 ml Toluol/Isoamylalkohol (3:2; v/v) hinzu, mischt 10 min am Rotator und zentrifugiert 5 min bei ca. 3000 U/min. 2.5 ml der Oberphase werden bei 80°C getrocknet, zum Rückstand 3 ml Unisolve-100 gegeben und im Flüssigkeits-Szintillationsspektrometer gezählt.

Falls wenig Gewebe zur Verfügung steht (Stanzproben), empfiehlt sich ein kleineres Inkubationsvolumen. Die Genauigkeit des Tests leidet jedoch etwas unter der Verringerung des Volumens. Folgende Ansätze von Reaktionsgemischen zu 15 bzw. 8 µl sind erprobt worden:

			Endvolumen
Mix I (wie oben)	2.5 µl	3 µl	
$CuSO_4$, 2 mM	0.5 µl		
Wasser *oder* Octopamin-Lösung (1.25 µl + 0.75 µl Wasser)		2 µl	15 µl
Homogenat		5 µl	
Mix II (wie oben)		5 µl	
Mix I (wie oben)	1.25 µl	2 µl	
Homogenisierpuffer	0.5 µl		
$CuSO_4$, 2 mM	0.25 µl		
Wasser *oder* Octopamin-Lösung (0.625 µl + 0.375 µl Wasser)		1 µl	8 µl
Homogenat		2 µl	
Mix II (wie oben)		3 µl	

Anmerkungen

1. Blindwert: Standard-Homogenat 5 min bei 95°C erhitzen. Ca. 0.5% der eingesetzten Radioaktivität.
2. Interner Standard: 40 ng Octopamin-HCl in 5 µl Wasser (0.21 nMol). Lösung täglich frisch bereiten: 4 mg/500 ml Wasser. Muß für jedes Gewebe bestimmt werden, da unterschiedliche Inhibition der DBH.
3. Ascorbinsäure-, Tyramin- und Pargylin-Lösungen in Portionen bei -30°C lagern.
4. Carrier-Lösung: 1 mg Synephrin/3 ml Wasser.
5. PNMT wird aus Rinder-Nebennierenmark isoliert und nach Vorschrift in obiger Arbeit gereinigt. Das Enzym ist bei -80°C gelagert mindestens 1 Jahr ohne nennenswerten Aktivitätsverlust haltbar. Das Enzym kann man bei der Fa. Sigma kaufen.
6. Für jedes Gewebe muß die optimale Konzentration an Kupfer-Ionen ermittelt werden.
7. Der Umsatz in der Testreaktion sollte zur Einhaltung der Linearität nicht mehr als 10% betragen.

8. Trocknung der Proben ist notwendig. Trockenzeit ca. 12 Stunden. Eine Mindesttrockenzeit von 6 Stunden sollte nicht unterschritten werden.

Pro Person und Arbeitstag können ca. 60 DBH-Bestimmungen (mit Doppelwerten) durchgeführt werden.

Dopamin-β-Hydroxylase-Bestimmung (optimiert für humanes und Rattenplasma)

Ca. 500 µl Blut sofort nach Entnahme in gekühltes Zentrifugenröhrchen gießen, mit 10 µl 1% Heparinlösung versetzen, gut schütteln und 10 min bei 3000 U/min zentrifugieren. Im Überstand wird nach Verdünnen mit Wasser (Human: 1 + 39; Ratte: 1 + 4) die Enzymaktivität bestimmt. Testansätze zu 30, 15 bzw. 8 µl sind erprobt worden.

Testansatz (30 µl-Reaktionsgemisch)

Mix I (wie oben)	5 µl
$CuSO_4$, 350 µM (human) $CuSO_4$, 800 µM (Ratte)	2 µl
Wasser *oder* Octopamin-Lösung (2.5 µl + 0.5 µl Wasser)	3 µl
Plasma	10 µl
Mix II (wie oben)	10 µl

Inkubation und Aufarbeitung wie oben beschrieben.

Weitere Verfahren, die Aktivität der DBH zu messen

Setzt man als Substrat ^{3}H-Tyramin ein, so kann man den nach Perjodat-Reaktion gebildeten ^{3}H-p-Hydroxybenzyldehyd szintillationsspektroskopisch messen (Friedman S, Kaufman S (1965) 3,4-dihydroxyphenylethylamine-β-hydroxylase. J Biol Chem 240:4763-4773).

C.D. Wise (1976) benutzt speziell gereinigtes ^{14}C-Tyramin und erhöht so die Empfindlichkeit des Tests um ein Mehrfaches (A sensitive assay for dopamine-β-hydroxylase. J Neurochem 27:883-888).

G. Wilcox und M.A. Beaven (1976) beschreiben einen einfachen radiochemischen Test für die DBH im Serum. Sie setzen (Äthyl-2-^{3}H)-Dopamin als Substrat der DBH ein und nehmen die Menge des gebildeten tritiierten Wassers als Maß für die Aktivität des Enzyms (A sensitive and specific tritium release assay for dopamine-β-hydroxylase (DBH) in serum. Anal Biochem 75:484-497).

Das aus Tyramin gebildete Norsynephrin (Octopamin) wird mit Perjodat zu p-Hydroxybenzaldehyd gespalten, der spektrophotometrisch bestimmt wird (Kato T, Wakui Y, Nagatsu T (1978) An improved dual-wavelength spectrophotometric assay for dopamine-β-hydroxylase. Biochem Pharmacol 27:829-831).

Einen fluoreszenzspektroskopischen Nachweis des durch die DBH gebildeten Octopamins (Reinigung durch Hochdruckflüssigkeits-Chromatographie) beschreiben K. Fujita, T. Nagatsu, K. Maruta, R. Teradaira, H. Beppu, Y. Tsuji und T. Kato (1977) (Fluorescence assay for dopamine-β-hydroxylase activity in human serum by high-performance liquid chromatography. Anal Biochem 82:130-140).

M. Kopun und M. Herschel (1978) dansylieren das Reaktionsprodukt Octopamin und messen die Fluoreszenz des Dansyl-Octopamins nach dünnschichtchromatographischer Reinigung direkt auf der Dünnschichtplatte (Determination of dopamine-β-hydroxylase activity by means of chromatogram-spectrofluorometric measurement in remission. Anal Biochem 85:556-563).

Eine radioimmunologische Bestimmung der Serum-DBH findet sich bei R.A. Rush und L.B. Geffen (1972) (Radioimmunoassay and clearance of circulating dopamine-β-hydroxylase. Circ Res 31:444-452).

4. Phenyläthanolamin-N-Methyltransferase (PNMT) (optimiert für Nebenniere der Ratte)

Modifikation der Methode von

Saavedra JM et al. (1974) Localisation of phenylethanolamine-N-methyltransferase in the rat brain nuclei. Nature (London) 248:695-696

(Noradrenalin-N-Methyltransferase 2.1.1.28)

Vorkommen des Enzyms

Nebennierenmark, paraaortales chromaffines Gewebe, sympathische Ganglien, Herz, Gehirn.

Substrate

Phenyläthanolamine: Norepinephrin, Normetanephrin, Octopamin, Phenyläthanolamin. Phenyläthylamine (Dopamin, Tyramin, Phenyläthylamin) sind wesentlich schlechtere Substrate.

Inhibitoren

Epinephrin, Tranylcypromin, p-Chlormercuribenzoat.

Eigenschaften

Molgewicht des Enzyms aus Rinder-Nebennierenmark ca. 38 000 Dalton. Aktivitätsoptimum bei pH 7.9. Das Enzymmolekül enthält 2 Sulfhydrylgruppen.

Biologische Bedeutung

Bildung von L-Epinephrin aus L-Norepinephrin.

Reaktionsablauf

$$\text{C}_6\text{H}_5\text{-}\underset{\text{OH}}{\text{CH}}\text{-CH}_2\text{-NH}_2 \xrightarrow[^{3}\text{H-SAM}]{\text{PNMT}} \text{C}_6\text{H}_5\text{-}\underset{\text{OH}}{\text{CH}}\text{-CH}_2\text{-}\underset{\text{H}}{\text{N}}\text{-}\overset{*}{\text{C}}\text{H}_3$$

Phenyläthanolamin — ^{3}H-N-Methyl-phenyläthanolamin

Die Aminogruppe des Phenyläthanolamins wird durch die PNMT spezifisch methyliert. Die übertragene Methylgruppe ist Tritium-markiert, so daß ^{3}H-N-Methylphenyläthanolamin entsteht. In alkalischer Lösung bleibt das ^{3}H-S-Adenosyl-L-methionin (^{3}H-SAM) in der wäßrigen Phase, während das ^{3}H-N-Methylphenyläthanolamin mit Toluol/Isoamylalkohol ausgeschüttelt werden kann.

Material

Phenyläthanolamin-hydrochlorid	(Regis)
^{3}H-S-Adenosyl-L-methionin (12.6 Ci/mMol; 1 µCi/µl) (^{3}H-SAM)	(Amersham-Buchler)
S-Adenosyl-L-methionin (SAM)	(Boehringer)
Unisolve-100	(Zinsser)

Testansatz (20 µl-Reaktionsgemisch)

			Endkonz.
Phenyläthanolamin-HCl, 10 mM		5 µl	2.5 mM
Homogenat (Gewebe in eiskaltem 200 mM Tris-HCl (pH 8.6)(Homogenisierpuffer) homogenisieren (1:300; w/v), dann 30 min bei 30 000 g zentrifugieren. Im Überstand wird die Enzymaktivität bestimmt)		10 µl	
^{3}H-SAM, s.o.	1.0 µl	5 µl	6 µM
SAM, 100 µM	0.4 µl		
Wasser	3.6 µl		

Man startet die Reaktion durch Zugabe des ^{3}H-SAM, inkubiert 30 min bei 37°C im Schüttelwasserbad (4 ml-PPN-Röhrchen) und stoppt mit 100 µl 500 mM Na-borat (pH 10.0). Nach Zugabe von 3.2 ml Toluol/Isoamylalkohol (97:3; v/v) mischt man 10 min am Rotator, zentrifugiert 5 min bei ca. 3000 U/min, trocknet 2.5 ml der Oberphase bei 40°C, gibt zum Rückstand 3 ml Unisolve-100 und zählt im Flüssigkeits-Szintillationsspektrometer.

Falls wenig Gewebe zur Verfügung steht (Stanzproben), empfiehlt sich ein kleineres Inkubationsvolumen. Die Genauigkeit des Tests leidet jedoch etwas unter der Verringerung des Volumens. Folgende Ansätze von Reaktionsgemischen zu 10 bzw. 5 µl sind erprobt worden:

			Endvolumen
Phenyläthanolamin-HCl, 10 mM	2.5 µl	3 µl	
Wasser	0.5 µl		
Homogenat		5 µl	10 µl
^{3}H-SAM, s.o.	0.5 µl	2 µl	
SAM, 100 µM	0.2 µl		
Wasser	1.3 µl		
Phenyläthanolamin-HCl, 10 mM	1.25 µl	2 µl	
Homogenisierpuffer	0.5 µl		
Wasser	0.25 µl		
Homogenat		2 µl	5 µl
^{3}H-SAM, s.o.	0.35 µl	1 µl	
SAM, 24 µM	0.1 µl		
Wasser	0.55 µl		

Anmerkungen

1. Blindwert: Standard-Homogenat 5 min bei 95°C erhitzen. Man findet ca. 0.5% der eingesetzten Radioaktivität.
2. SAM-Lösung täglich frisch bereiten.
3. Phenyläthanolamin-HCl-Lösung in kleinen Portionen bei -30°C lagern.
4. Der Umsatz in der Testreaktion sollte zur Einhaltung der Linearität nicht mehr als 20% betragen.
5. Für die Bestimmung der PNMT-Aktivität in Gehirnproben (Hypothalamus) ist das Gewebe in 5 Volumenteilen Puffer zu homogenisieren.
6. Trocknung der Proben ist notwendig. Trockenzeit ca. 6 h (leichtes Vakuum). Eine Mindesttrockenzeit von 4 h sollte nicht unterschritten werden.

Pro Person und Arbeitstag können ca. 80 PNMT-Bestimmungen (mit Doppelwerten) durchgeführt werden.

R.T. Borchardt, W.C. Vincek und G.L. Grunewald (1977) setzen unmarkiertes Norepinephrin als Substrat der PNMT ein und bestimmen das Endprodukt der Reaktion (Epinephrin) elektrochemisch. Auftrennung des Reaktionsgemisches geschieht durch Hochdruckflüssigkeits-Chromatographie an einem Kationenaustauscher (A liquid chromatographic assay for phenylethanolamine-N-methyltransferase. Anal Biochem 82:149-157).

5. Catechol-O-Methyltransferase (COMT) (optimiert für Gesamtgehirn der Ratte)

Modifikation der Methode von

Axelrod J (1962) Catechol-O-methyltransferase from rat liver. Methods Enzymol 5:748-749

(Catechol-O-Methyltransferase 2.1.1.6)

Vorkommen des Enzyms

Gehirn, Leber, Niere, Lunge, Herz.

Substrate

Catechole: Epinephrin, Norepinephrin, Dopamin, DOPA, Epinin, 3.4-Dihydroxyphenylessigsäure.

Inhibitoren

p-Chlormercuribenzoat, Tropolon, Pyrogallol.

Eigenschaften

MG des Enzyms aus Rattenleber ca. 240 000 Dalton. Das gereinigte Enzym ist durch Dehydrogenierung der SH-Gruppen an der Luft instabil. Aktivitätsoptimum in Phosphatpuffer zwischen pH 7.3 und 8.2. Benötigt $Mg^{2\oplus}$-Ionen.

Biologische Bedeutung

Die O-Methylierung ist der Hauptabbauweg der Catecholamine.

Reaktionsablauf

L-Epinephrin (HO, HO–C₆H₃–CH(OH)–CH₂–NH–CH₃) $\xrightarrow[Mg^{2\oplus}\ ^{14}C\text{-}SAM]{COMT}$ ^{14}C-L-Metanephrin ($H_3\overset{*}{C}O$, HO–C₆H₃–CH(OH)–CH₂–NH–CH₃)

L-Epinephrin $\qquad$ ^{14}C-L-Metanephrin

Die metaständige Hydroxylgruppe des L-Epinephrins wird durch die COMT spezifisch methyliert. Das übertragene Methyl ist ^{14}C-markiert, so daß ^{14}C-L-Metanephrin entsteht. In alkalischer Lösung bleibt das ^{14}C-S-Adenosyl-L-methionin in der wäßrigen Phase, während das ^{14}C-L-Metanephrin mit Toluol/Isoamylalkohol ausgeschüttelt werden kann.

Material

L-Epinephrin	(Sigma)
^{14}C-S-Adenosyl-L-methionin (60 mCi/mMol; 25 nCi/µl) (^{14}C-SAM)	(Amersham-Buchler)
S-Adenosyl-L-methionin (SAM)	(Boehringer)
Unisolve-100	(Zinsser)

Testansatz (40 µl-Reaktionsgemisch)

				Endkonz.
Mix:	Tris-HCl, 500 mM (pH 8.2)	5 µl	10 µl	100 mM
	$MgCl_2$, 270 mM	2 µl		13.5 mM
	Wasser	3 µl		

L-Epinephrin, 6.4 mM		5 μl	800 μM
Homogenat (Gewebe in eiskalter 250 mM Saccharose-Lösung homogenisieren (1:10; w/v), dann 30 min bei 30 000 g zentrifugieren. Im Überstand wird die Enzymaktivität bestimmt)		20 μl	
^{14}C-SAM, s.o. SAM, 360 μM	2 μl 3 μl	5 μl	48 μM

Man startet die Reaktion durch Zugabe des ^{14}C-SAM, inkubiert 30 min bei 37°C im Schüttelwasserbad (4 ml-PPN-Röhrchen) und stoppt mit 100 μl 500 mM Na-borat (pH 10.0). Nach Zugabe von 20 μl Carrier-Lösung und 3.2 ml Toluol/Isoamylalkohol (3:2; v/v) mischt man 10 min am Rotator und zentrifugiert 5 min bei ca. 3000 U/min. 2.5 ml der Oberphase werden bei 80°C getrocknet; der Rückstand wird in 3 ml Unisolve-100 gelöst und im Flüssigkeits-Szintillationsspektrometer gezählt.

Falls wenig Gewebe zur Verfügung steht (Stanzproben) empfiehlt sich ein kleineres Inkubationsvolumen. Die Genauigkeit des Tests leidet jedoch etwas unter der Verringerung des Volumens. Folgende Ansätze von Reaktionsgemischen zu 20, 10 bzw. 5 μl sind erprobt worden:

			Endvolumen
Mix (wie oben)		5 μl	
L-Epinephrin, 8 mM		2 μl	20 μl
Homogenat		10 μl	
^{14}C-SAM, s.o. SAM, 270 μM	1.0 μl 2.0 μl	3 μl	
Mix: Tris-HCl, 500 mM (pH 8.2) $MgCl_2$, 270 mM L-Epinephrin, 6.4 mM	1.25 μl 0.5 μl 1.25 μl	3 μl	10 μl
Homogenat		5 μl	
^{14}C-SAM, s.o. SAM, 65 μM	1 μl 1 μl	2 μl	
Mix: Tris-HCl, 500 mM (pH 8.2) $MgCl_2$, 270 mM L-Epinephrin, 8 mM Saccharose, 250 mM Wasser	0.5 μl 0.25 μl 0.5 μl 0.5 μl 0.25 μl	2 μl	5 μl
Homogenat		2 μl	
^{14}C-SAM, s.o. Wasser	0.6 μl 0.4 μl	1 μl	

Anmerkungen

1. Blindwert: Standard-Homogenat 5 min bei 95°C erhitzen. Man findet ca. 1% der eingesetzten Radioaktivität.
2. SAM-Lösung täglich frisch bereiten.

3. L-Epinephrin-Lösung täglich frisch mit 0.01 N HCl bereiten.
4. Carrier-Lösung: 2 mg Metanephrin in 1 ml Wasser.
5. Der Umsatz in der Testreaktion sollte zur Einhaltung der Linearität nicht mehr als 20% betragen.
6. Trocknung der Proben ist notwendig. Trockenzeit ca. 12 h. Eine Mindesttrockenzeit von 6 h sollte nicht unterschritten werden.

Pro Person und Arbeitstag können ca. 100 COMT-Bestimmungen (mit Doppelwerten) durchgeführt werden.

Eine vereinfachte zeitsparende Modifikation der oben beschriebenen Methode geben P.A. Gulliver und K.F. Tipton (1978) an (Direct extraction radioassay for catechol-O-methyltransferase activity. Biochem Pharmacol 27:773-775).

J.K. Coward und F. Ying-Hsiueh Wu (1973) beschreiben eine spektroskopische COMT-Bestimmung: Das durch Verlust der Methylgruppe aus S-Adenosyl-methionin (SAM) gebildete S-Adenosylhomocystein (SAH) wird durch ein Enzym (Adenosindesaminase) zu S-Inosylhomocystein (SIH) desaminiert. Die Differenz der Extinktion von SAH und SIH im Ultravioletten soll der Aktivität der COMT proportional sein (A continuous spectrophotometric assay for catechol-O-methyltransferase. Anal Biochem 55:406-410).

Eine fluoreszenzspektroskopische Methode zur Messung der COMT-Aktivität geben O.J. Broch und H.C. Guldberg (1971) an (On the determination of catechol-O-methyltransferase activity in tissuehomogenates. Acta Pharmacol Toxicol 30:266-277). COMT methyliert 3.4-Dihydroxyphenylessigsäure, die nach papierchromatographischer Reinigung und Reaktion mit K-hexacyanoferrat(III) fluorimetrisch bestimmt werden kann.

6. Monoaminoxidase (MAO) (optimiert für Striatum der Ratte)

Modifikation der Methode von

Wurtmann RJ, Axelrod J (1963) A sensitive and specific assay for the estimation of monoamine oxidase. Biochem Pharmacol 12: 1439-1440)

(Monoaminoxidase 1.4.3.4)

Vorkommen des Enzyms und Substrate

Kommt in vielen Organen und Geweben vor.
1. Mitochondrien: Katalysiert die oxidative Desaminierung von Tyramin, Tryptamin, Serotonin, Dopamin, Norepinephrin, Epinephrin und anderen Monoaminen.
2. Serum: Katalysiert die oxidative Desaminierung von Benzylamin, Spermin und Spermidin.

Inhibitoren

Iproniazid, Nialamid, Pargylin, Harmalin.

Eigenschaften

Reinigung des Enzyms aus Rinderleber-Mitochondrien. Isolierung zweier Komponenten, von denen die größere (MG 405 000) ein Trimeres der kleineren sein soll. Beide Moleküle enthalten FAD.

Biologische Bedeutung

Neben der O-Methylierung der Catecholamine ist die oxidative Desaminierung der wichtigste Abbauweg von Monoaminen.

Reaktionsablauf

$$\text{}^{14}\text{C-Tryptamin} \xrightarrow[H_2O,\ O_2]{MAO} \text{}^{14}\text{C-Indolacetaldehyd}$$

^{14}C-Tryptamin — ^{14}C-Indolacetaldehyd und andere Metabolite

^{14}C-Tryptamin wird durch die MAO zu ^{14}C-Indolacetaldehyd desaminiert, der weiter zu ^{14}C-Indolessigsäure oxidiert werden kann. In geringem Maße entstehen andere nicht definierte Produkte. Durch Ansäuern mit HCl wird die primäre Aminogruppe des ^{14}C-Tryptamins protoniert; das ^{14}C-Tryptamin bleibt in der wäßrigen Phase, während der ^{14}C-Indolacetaldehyd bzw. die ^{14}C-Indolessigsäure mit Toluol ausgeschüttelt werden können.

Material

(2-^{14}C)-Tryptamin-bisuccinat (49 mCi/mMol; 100 nCi/µl) (^{14}C-Tryptamin)	(NEN)
Tryptamin	(Sigma)

Testansatz (40 µl-Reaktionsgemisch)

			Endkonz.
K-phosphat, 600 mM (pH 7.4)		10 µl	150 mM
Homogenat (Gewebe in eiskalter 250 mM Saccharose-Lösung homogenisieren (1:30; w/v))		20 µl	
^{14}C-Tryptamin, s.o.	0.5 µl	10 µl	175 µM
Tryptamin, 1.2 mM	5 µl		
Wasser	4.5 µl		

Man startet die Reaktion durch Zugabe des ^{14}C-Tryptamins, inkubiert 20 min bei 37°C im Schüttelwasserbad (4 ml-PPN-Röhrchen) und stoppt mit 100 µl 2 N HCl. Nach Zugabe von 3.2 ml Toluol mischt man 10 min am Rotator, zentrifugiert 5 min bei ca. 3000 U/min, gibt 2 ml Toluol (0.4% PPO) zu 2.5 ml der Oberphase und zählt im Flüssigkeits-Szintillationsspektrometer.

Falls wenig Gewebe zur Verfügung steht (Stanzproben), empfiehlt sich ein kleineres Inkubationsvolumen. Die Genauigkeit des Tests leidet nur geringfügig unter der Verringerung des Volumens. Folgende Ansätze von Reaktionsgemischen zu 20, 10 bzw. 5 μl sind erprobt worden:

			Endvolumen
K-phosphat, 600 mM (pH 7.4)		5 μl	
Homogenat		10 μl	20 μl
^{14}C-Tryptamin, s.o.	0.5 μl		
Wasser	2.0 μl	5 μl	
Tryptamin, 1 mM	2.5 μl		
K-phosphat, 750 mM (pH 7.4)		2 μl	
Homogenat		5 μl	10 μl
^{14}C-Tryptamin, s.o.	0.5 μl	3 μl	
Tryptamin, 300 μM	2.5 μl		
K-phosphat, 750 mM (pH 7.4)		1 μl	
Homogenat		2 μl	5 μl
^{14}C-Tryptamin, s.o.	0.5 μl		
Saccharose, 250 mM	0.5 μl	2 μl	
Wasser	1.0 μl		

Anmerkungen

1. Blindwert: Standard-Homogenat 5 min bei 95°C erhitzen. Man findet ca. 0.8% der eingesetzten Radioaktivität.
2. Tryptamin-Lösungen können in kleinen Portionen bei -30°C gelagert werden.
3. Der Umsatz in der Testreaktion sollte zur Einhaltung der Linearität nicht mehr als 20% betragen.

Pro Person und Arbeitstag können ca. 100 MAO-Bestimmungen (mit Doppelwerten) durchgeführt werden.

P.H. Wu und L.E. Dyck (1976) modifizierten die radiochemische MAO-Bestimmung, indem sie überschüssiges radioaktives Substrat an einen flüssigen Ionenaustauscher binden und die desaminierten Reaktionsprodukte direkt in die Szintillations-Flüssigkeit extrahieren. Die Methode soll für verschiedene Amine als Substrat gleichermaßen geeignet sein und sich durch Empfindlichkeit und Schnelligkeit auszeichnen (Microassay for the estimation of monoamine oxidase activity. Anal Biochem 72:637-642).

Spektrophotometrische Methoden zur Messung der MAO-Aktivität

MAO desaminiert p-Dimethylaminobenzylamin oxidativ zu p-Dimethylaminobenzaldehyd, dessen Absorption im Ultravioletten zur quantitativen Bestimmung ausgenutzt wird (Deitrich RA, Erwin VG (1969) A convenient spectrophotometric assay for monoamine oxidase. Anal Biochem 30:395-402).

Das in der Monoaminoxidase-Reaktion entstandene Wasserstoffperoxid bildet in Gegenwart von Peroxidase aus Leuco-2',7'-dichlorfluoreszein das farbige 2',7'-Dichlorfluoreszein, dessen Absorption bei 502 nm der MAO-Aktivität proportional sein soll (Köchli H, von Wartburg JP (1978) A sensitive photometric assay for monoamine oxidase. Anal Biochem 84:127-135).

Dasselbe Prinzip benutzt K.F. Tipton (1969) für eine MAO-Bestimmung: Homovanillinsäure wird durch H_2O_2 und Peroxidase zu einem fluoreszierenden Produkt umgewandelt. Der Vorteil dieser Methode ist die höhere Empfindlichkeit aufgrund der fluoreszenzspektroskopischen Messung (A sensitive fluorometric assay for monoamine oxidase. Anal Biochem 28:318-325).

7. Bestimmung des L-3.4-Dihydroxyphenylalanins (L-DOPA) (Gehirn der Ratte)

Hefti F, Lichtensteiger W (1976) An enzymatic-isotopic method for DOPA and its use for the measurement of dopamine synthesis in rat substantia nigra. J Neurochem 27:647-649

<u>Vorkommen</u>

Gehirn, Serum, Urin.

<u>Biologische Bedeutung</u>

Vorstufe des Dopamins in der Biosynthese der Catecholamine.

<u>Reaktionsablauf</u>

HO, HO–C_6H_3–CH_2-CH(NH_2)-COOH —COMT, ^3H-SAM→ $\overset{*}{H_3}CO$, HO–C_6H_3–CH_2-CH(NH_2)-COOH

L-DOPA → ^3H-O-Methyl-L-DOPA

L-3.4-Dihydroxyphenylalanin (L-DOPA) wird durch das Enzym Catechol-O-Methyltransferase (COMT) an der metaständigen Hydroxylgruppe methyliert. Die übertragene Methylgruppe ist Tritium-markiert, so daß ^3H-L-3-Methoxy-4-hydroxyphenylalanin (O-Methyl-L-DOPA) entsteht, das durch Bindung an einen Kationenaustauscher, Adsorption an Aktivkohle sowie Bindung an einen Anionenaustauscher gereinigt und anschließend im Szintillationsspektrometer gemessen wird.

Material

L-3.4-Dihydroxyphenylalanin (L-DOPA)	(Merck)
^{3}H-S-Adenosyl-L-methionin (12.6 Ci/mMol) (^{3}H-SAM)	(Amersham-Buchler)
L-3-Methoxy-4-hydroxy-phenylalanin (O-Methyl-L-DOPA)	(Sigma)
Dowex 50 W X 4 (200-400 mesh, H^+)	(Serva)
Dowex 1 X 8 (200-400 mesh, OH^-)	(Serva)
Aktivkohle	(Merck)
Piperazin	(Merck)
Unisolve-100	(Zinsser)

Testansatz (40 µl-Reaktionsgemisch)

Perchlorsäureextrakt (Gewebe in eiskalter 0.1 N $HClO_4$ homogenisieren, dann 10 min bei 10 000 g zentrifugieren. Im Überstand wird L-DOPA bestimmt)		20 µl
0.1 N $HClO_4$ *oder* L-DOPA-Standard (s. Anm.3)		10 µl
Mix: COMT	4 µl	10 µl
^{3}H-SAM	1 µl	
EGTA, 40 mM; $MgCl_2$, 8 mM; Tris-HCl, 2 M (pH 9.6)	5 µl	
Dithiothreitol, 5 µg		

Man startet die Reaktion durch Zugabe des Mixes, inkubiert 90 min bei 37°C im Schüttelwasserbad (4 ml-PPN-Röhrchen) und stoppt mit 500 µl Stopplösung.

Bindung an Kationenaustauscher und Elution

Man wäscht Dowex 50 W X 4 (in Sarstedt-Pipettenspitzen; ca. 3 cm hoch) mit 5 ml 100 mM Na-phosphat (pH 6.5), dann mit 1.5 ml 100 mM Na-citrat (pH 2.0). Dann gibt man den Inhalt des Reaktionsröhrchens (mit 100 mM Na-citrat (pH 2.0) auf 2 ml Volumen gebracht) in die Pipettenspitze und wäscht mit 6 ml 100 mM Na-citrat (pH 2.0). Methyliertes L-DOPA wird mit 2.5 ml 100 mM Na-citrat (pH 4.5) eluiert, wobei man die ersten 500 µl Eluat verwirft.

Adsorption an Aktivkohle und Desorption

Man gibt 20-25 mg Aktivkohle (s. Anm.5) zu dem Eluat der Austauschersäule, mischt 5 min am Rotator, zentrifugiert ca. 3 min bei 3000 U/min und saugt den Überstand an. Der Rückstand wird zweimal mit je 500 µl 1% (v/v) Essigsäure sowie einmal mit 500 µl

Wasser gewaschen, jeweils mit anschließendem Mischen und Zentrifugieren. Man eluiert durch dreimaliges Mischen mit jeweils 500 µl 5% (w/v) Phenol, filtriert die vereinigten Eluate und wäscht das Filter mit 1 ml Wasser. Man schüttelt das Filtrat dreimal mit jeweils 8 ml Äthylacetat, mischt 5 min am Rotator, zentrifugiert kurz und saugt die Oberphase ab. Vor der 2. Extraktion bringt man das pH mit HCl auf 1.0, vor der 3. Extraktion stellt man mit 500 mM Piperazin einen pH-Wert von 10.0 ein.

Bindung an Anionenaustauscher und Elution

Man wäscht Dowex 1 X 8 (in Sarstedt-Pipettenspitzen; ca. 3 cm hoch) mit 5 ml 200 mM Piperazin-HCl (pH 6.0), dann mit 1.5 ml 200 mM HCl (pH 10.5). Dann bringt man die Probe (mit 200 mM Piperazin auf pH 10.0 bis 10.5 eingestellt) in die Pipettenspitze, wäscht mit 6 ml 200 mM Piperazin-HCl (pH 10.5) und eluiert mit 2.5 ml 200 mM Piperazin-HCl (pH 6.0) direkt in ein Zählgläschen, wobei man die ersten 500 µl verwirft. Nach Zugabe von 12 ml Unisolve-100 wird in einem Flüssigkeits-Szintillationsspektrometer gezählt.

Anmerkungen

1. Blindwert: $HClO_4$ anstelle des Perchlorsäureextraktes.
2. COMT: Isolierung aus Rattenleber und Reinigung (nach Coyle JT, Henry D (1973) J Neurochem 21:61-67). Das Enzym ist bei -30°C gelagert mindestens 1 Jahr ohne nennenswerten Aktivitätsverlust haltbar. Es sollte nicht wiederholt aufgetaut und eingefroren werden. (Das Enzym kann man bei der Fa. Sigma kaufen.)
3. L-DOPA-Standard: täglich frisch bereiten und in Gegenwart von Gewebe bestimmen. 3.94 mg L-DOPA (MG 197.2)/200 ml Wasser. Verdünnung 1 + 99 mit 0.1 N $HClO_4$: 10 pMol/10 µl. Eichkurve mit 10, 5 und 2.5 pMol aufstellen.
4. Stopplösung: 1 mg O-Methyl-L-DOPA in 10 ml 100 mM Na-citrat (pH 2.0) lösen (täglich frisch bereiten).
5. Aktivkohle: Man rührt 10 g Aktivkohle 1 h in einer Lösung von 1 g Paraffin (F: 50°-52°C) in 20 ml Petroläther (Kp.: 65°-80°C). Dann wäscht man mit 40 ml Äthylacetat, 40 ml Äthanol, schließlich mit Wasser und läßt an der Luft trocknen.
6. Die Dowex-Säulen lassen sich durch Waschen mit 10 ml 1 N NaOH und 8 ml Wasser regenerieren.
7. Empfindlichkeit des Tests: ca. 0.5 pMol L-DOPA/10 µl (≙ ca. 100 pg).

Pro Person und Arbeitstag können ca. 10 L-DOPA-Bestimmungen (mit Doppelwerten) durchgeführt werden.

Zwei weitere, weniger empfindliche Methoden zur Bestimmung von L-DOPA sind beschrieben worden: ein fluorimetrisches Verfahren (Kehr W, Carlsson A, Lindqvist M (1972) A method for the determination of 3.4-dihydroxyphenylalanine (DOPA) in brain. Naunyn-Schmiedebergs Arch Pharmacol 274:273-280) und ein photometrisches Verfahren (Shiman R, Akino M, Kaufman S (1971) Solubilization and partial purification of tyrosine hydroxylase from bovine adrenal medulla. J Biol Chem 246:1330-1340).

8. Dopamin (DA)
9. Norepinephrin (Noradrenalin) (NE)
10. Epinephrin (Adrenalin) (E)
(Plasma und Hirngewebe)

Modifikation der Methode von

Saller CF, Zigmond MJ (1978) A radioenzymatic assay for catecholamines and dihydroxyphenylacetic acid. Life Sci 23:1117-1130

Vorkommen

Catecholaminerge Neurone, Serum.

Biologische Bedeutung

Neurotransmitter bzw. Hormone.

Reaktionsablauf

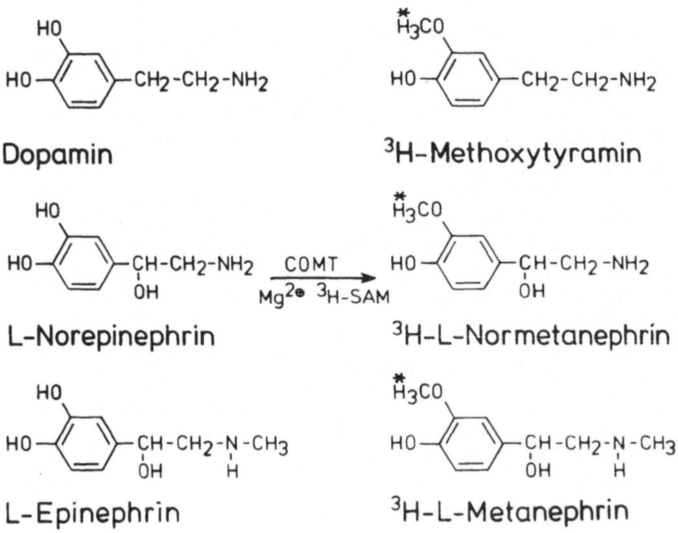

HO, HO–C₆H₃–CH_2-CH_2-NH_2 → $\overset{*}{H}_3CO$, HO–C₆H₃–CH_2-CH_2-NH_2

Dopamin → ^3H-Methoxytyramin

HO, HO–C₆H₃–CH(OH)-CH_2-NH_2 —COMT, Mg^{2+}, ^3H-SAM→ $\overset{*}{H}_3CO$, HO–C₆H₃–CH(OH)-CH_2-NH_2

L-Norepinephrin → ^3H-L-Normetanephrin

HO, HO–C₆H₃–CH(OH)-CH_2-NH-CH_3 → $\overset{*}{H}_3CO$, HO–C₆H₃–CH(OH)-CH_2-NH-CH_3

L-Epinephrin → ^3H-L-Metanephrin

Die Catecholamine Dopamin (DA), Norepinephrin (NE) sowie Epinephrin (E) werden durch das Enzym Catechol-O-Methyltransferase (COMT) an der metaständigen Hydroxylgruppe methyliert. Die eingesetzte Methylgruppe ist Tritium-markiert, so daß die radioaktiven Verbindungen ^3H-3-Methoxytyramin, ^3H-Normetanephrin und ^3H-Metanephrin gebildet werden. Durch Extrahieren mit organischen Lösungsmitteln bei verschiedenen pH-Werten wird eine weitgehende Abtrennung von nicht umgesetztem ^3H-S-Adenosyl-L-methionin (^3H-SAM) sowie nicht näher definierten radioaktiven Verunreinigungen erreicht. Die Trennung der ^3H-Methoxy-Verbindungen erfolgt durch Chromatographie an Kieselgelplatten.

Material

^{3}H-S-Adenosyl-L-methionin (12.6 Ci/mMol; 1 µCi/µl) (^{3}H-SAM)	(Amersham-Buchler)
Dopamin-hydrochlorid (DA)	(Merck)
L-Norepinephrin-bitartrat (NE)	(Serva)
L-Epinephrin (E)	(Sigma)
3-Methoxytyramin	(Sigma)
Normetanephrin	(Sigma)
Metanephrin	(Sigma)
Na-tetraphenylborat	(Riedel)
Äthylamin (70% Lösung in Wasser)	(Merck)
Kieselgel-Platten (Silica Gel 60 F-254)	(Merck)
Aquasol	(NEN)

Testansatz (34 µl-Reaktionsgemisch)

I. Plasma

Blut in gekühlten heparinisierten Röhrchen auffangen und 10 min bei 1000 g zentrifugieren (4°C). Den Überstand gibt man in ein 1 ml-Polystyrol-Röhrchen, versetzt mit 2.5 N Perchlorsäure (mit 200 mM Dithiothreitol; 10 µl auf 100 µl Plasma), mixt kräftig und zentrifugiert 10 min bei 10 000 g (4°C). Im Überstand werden die Catecholamine bestimmt.

				Endkonz.
Überstand nach $HClO_4$-Fällung der Plasmaproteine			20 µl	
$HClO_4$, 0.1 N *oder* Catecholamin-Standard (s. Anm.6)			4 µl	
Mix: Tris-HCl, 2 M	(pH 9.6)	8 µl	10 µl	470 µM
$MgCl_2$, 8.5 mM				2 mM
EGTA, 8.5 mM				2 mM
COMT (s. Anm.3)		1.3 µl		
^{3}H-SAM, s.o.		0.7 µl		1.6 µM

II. Gewebe

				Endkonz.
Perchlorsäureextrakt (1-2 mg Gewebe werden in 100 µl eiskalter 0.1 N $HClO_4$ homogenisiert und 10 min bei 10 000 g zentrifugiert; im Überstand werden die Catecholamine bestimmt)			20 µl	
$HClO_4$, 0.1 N *oder* Catecholamin-Standard (s. Anm.6)			4 µl	
Mix: Tris-HCl, 1.75 M	(pH 9.6)	8 µl	10 µl	411 µM
$MgCl_2$, 6.25 mM				1.47 µM
Dithiothreitol (50 µg/8 µl)				
COMT (s. Anm.3)		1.3 µl		
^{3}H-SAM, s.o.		0.7 µl		1.6 µM

Man startet die Reaktion durch Zugabe des Mixes, inkubiert 90 min bei 37°C im Schüttelwasserbad (4 ml-PPN-Röhrchen; I), stoppt mit 100 µl Stopplösung und gibt 50 µl 1.5% Na-tetraphenylborat-Lösung hinzu. Nach Zugabe von 3 ml Toluol/Isoamylalkohol (3:2; v/v) mischt man 5 min am Rotator, zentrifugiert ca. 3 min bei 3000 U/min, läßt die wäßrige Phase in Trockeneis/Methanol gefrieren und gießt die organische Phase in ein 4 ml-PPN-Röhrchen (II), das 100 µl 0.1 N HCl enthält.

Man mischt 5 min am Rotator, läßt die wäßrige Phase gefrieren und verwirft diesmal die organische. Die wäßrige Phase mischt man mit 3 ml Toluol/Isoamylalkohol (3:2; v/v) 5 min am Rotator, zentrifugiert, läßt gefrieren, verwirft die organische Phase und lyophilisiert den wäßrigen Rückstand. Man nimmt mit 30 µl Methanol auf, bringt die Lösung mit Hilfe einer Konstriktionspipette (5 µl) auf eine Kieselgel-Platte, spült das Röhrchen mit 30 µl Methanol, bringt den Inhalt nach und nach auf die Platte und entwickelt im System Chloroform:Äthanol:Äthylamin (16:3:2). Laufzeit ca. 90 min.

Nach Trocknen der Platte im Abzug werden die entsprechenden Flecken unter UV-Licht (254 nm) mit Bleistift markiert. Nach Abkratzen des Kieselgels in den Flecken mit einem Spatel direkt in ein Zählgläschen wird mit 2 ml 4% Ammoniak versetzt, 20 min am Rotator gemischt und nach Zugabe von 8 ml Aquasol im Flüssigkeits-Szintillationsspektrometer gezählt.

Falls wenig Gewebe zur Verfügung steht (Stanzproben), empfiehlt sich ein kleineres Inkubationsvolumen. Die Genauigkeit des Tests leidet jedoch etwas unter der Verringerung des Volumens. Folgender Ansatz mit 17 µl-Reaktionsgemisch ist erprobt worden:

Überstand nach Perchlorsäurefällung der Plasmaproteine *oder* Perchlorsäureextrakt	10 µl
$HClO_4$, 0.1 N *oder* Catecholamin-Standard (s. Anm.6)	2 µl
Mix (wie oben)	5 µl

Anmerkungen

1. Blindwert: $HClO_4$ anstelle des Perchlorsäureextraktes.
2. Tris-HCl mit Dithiothreitol täglich frisch bereiten.
3. COMT: Isolierung aus Rattenleber und Reinigung nach Coyle JT, Henry D (1973) J Neurochem 21:61-67. Das Enzym ist bei -30°C gelagert mindestens 1 Jahr ohne nennenswerten Aktivitätsverlust haltbar. Es sollte nicht wiederholt aufgetaut und eingefroren werden.
4. Stopplösung: 1 M Na-borat (pH 8.0) 80 µl
Carrierlösung 20 µl
Erst unmittelbar vor Gebrauch mischen.
5. Carrierlösung: 50 mg 3-Methoxytyramin
50 mg Normetanephrin
50 mg Metanephrin

in 25 ml 0.01 N HCl lösen. Kann bei -30°C für einige Monate gelagert werden.

6. Standards: täglich frisch bereiten und in Gegenwart von Perchlorsäureextrakt bestimmen. Eichkurve mit 10, 5, 2.5, 1.25 pMol aufstellen.
   Dopamin: 4.75 mg Dopamin-hydrochlorid (MG 189.9)/500 ml 0.1 N $HClO_4$. Verdünnung 1 + 19 mit 0.1 N $HClO_4$: 10 pMol/4 µl.
   L-Norepinephrin: 8.44 mg L-Norepinephrin-bitartrat (MG 337.3)/ 500 ml 0.1 N $HClO_4$. Verdünnung 1 + 19 mit 0.1 N $HClO_4$: 10 pMol/ 4 µl.
   L-Epinephrin: 4.58 mg L-Epinephrin (MG 183.2)/500 ml 0.1 N $HClO_4$. Verdünnung 1 + 19 mit 0.1 N $HClO_4$: 10 pMol/4 µl.
7. $HClO_4$ (täglich frisch verdünnen): 8.6 ml 70% $HClO_4$/1 l Wasser.
8. Die Kieselgelplatte sollte nach Möglichkeit im Dunkeln entwickelt und aufbewahrt werden.
9. R_F-Werte: DA: 0.79
   NE: 0.43
   E: 0.54
10. Empfindlichkeit des Tests: ca. 0.3 pMol Catecholamin/10 µl (≙ ca. 50 pg).

Pro Person und Arbeitstag können ca. 15 Catecholaminbestimmungen (mit Doppelwerten) durchgeführt werden.

Eine Vielzahl von Methoden zur Catecholamin-Bestimmung ist in der Literatur beschrieben worden. Sieht man von dem heute praktisch verlassenen Bioversuch und dem relativ unempfindlichen und unspezifischen colorimetrischen Test ab, so lassen sich die Catecholamine fluorimetrisch (1), elektrochemisch (2), gaschromatographisch (3), massenspektrometrisch (nach gaschromatographischer Auftrennung)(4) und radioenzymatisch (5) bestimmen.

1. Fluorimetrisch

Zahlreiche Methoden beruhen auf der Oxidation der Catecholamine zu stark fluoreszierenden Trihydroxyindolen (Laverty SR, Taylor KM (1968) The fluorometric assay of catecholamines and related compounds. Anal Biochem 22:269-279).

Das Prinzip anderer fluorimetrischer Bestimmungen ist die Umsetzung von Catecholaminen mit 1.2-Diaminoäthan zu intensiv fluoreszierenden Verbindungen (Weil-Malherbe SH (1959) The fluorimetric estimation of catechol compounds by the ethylenediamine condensation method. Pharmacol Rev 11:278-288).

Eine fluorimetrische Catecholamin-Bestimmung im Mikromaßstab findet sich bei M. Schlumpf, W. Lichtensteiger, H. Langemann, P.G. Waser und F. Hefti (1974) (A fluorometric micromethod for the simultaneous determination of serotonin, noradrenaline and dopamine in milligram amounts of brain tissue. Biochem Pharmacol 23:2437-2446).

2. Elektrochemisch

Eine neue vielversprechende Bestimmungsmethode ist die elektrochemische Messung von Catecholaminen. Nach Auftrennung der Catecholamine mittels Hochdruckflüssigkeits-Chromatographie werden die einzelnen Verbindungen an einer Graphit-Elektrode elektrochemisch oxidiert. Bei einem vorgegebenem konstantem Potential ist die Stromstärke direkt proportional der Catecholamin-Konzentration.

Keller R, Oke A, Mefford I, Adams RN (1976) Liquid chromatographic analysis of catecholamines, routine assay for regional brain mapping. Life Sci 19:995-1003

Hallman H, Farnebo L-O, Hamberger B, Jonsson G (1978) A sensitive method for the determination of plasma catecholamines using liquid chromatography with electrochemical detection. Life Sci 23:1049-1052

Felice LJ, Felice JD, Kissinger PT (1978) Determination of catecholamines in rat brain parts by reverse-phase ion-pair liquid chromatography. J Neurochem 31:1461-1465

3. Gaschromatographisch

Als polare Substanzen müssen die Catecholamine vor der gaschromatographischen Analyse derivatisiert werden (Trimethylsilyl-, Trifluoracetyl- oder Pentafluorpropionyl-Derivate).

Karoum F, Cattabeni F, Costa E (1972) Gas chromatographic assay of picomole concentrations of biogenic amines. Anal Biochem 47:550-561

Imai K, Wang M-T, Yoshiue S, Tamura Z (1973) Determination of catecholamines in the plasma of patients with essential hypertension and of normal persons. Clin Chim Acta 43:145-149

Martin IL, Ansell GB (1973) A sensitive gas chromatographic procedure for the estimation of noradrenaline, dopamine and 5-hydroxytryptamine in rat brain. Biochem Pharmacol 22:521-533

Hiemke C, Kauert G, Kalbhen DA (1978) Gas-liquid chromatographic properties of catecholamines, phenylethylamines and indolalkylamines as their propionyl derivatives. J Chromatogr 153:451-460

4. Gaschromatographisch/massenspektrometrisch

Koslow SH, Cattabeni F, Costa E (1972) Norepinephrine and dopamine: assay by mass fragmentography in the picomole range. Science 176:177-180

Miyazaki H, Hashimoto Y, Iwanaga M, Kubodera T (1974) Analysis of biogenic amines and their metabolites by gas chromatography-chemical ionization mass spectrometry. J Chromatogr 99:575-586

Freed CR, Weinkam RJ, Melmon KL, Castagnoli N (1977) Chemical ionization mass spectrometric measurement of α-methyldopa and s-dopa metabolites in rat brain regions. Anal Biochem 78:319-332

Kilts CD, Vrbanac JJ, Rickert DE, Rech RH (1977) Mass fragmentographic determination of 3,4-dihydroxyphenylethylamine and 4-hydroxy-3-methoxyphenylethylamine in the caudate nucleus. J Neurochem 28:465-467

5. Radioenzymatisch

Es lassen sich zwei Methoden unterscheiden. Enzymatische Übertragung einer radioaktiv markierten Methylgruppe auf die Aminogruppe des Norepinephrins durch das Enzym Phenyläthanolamin-N-Methyltransferase (PNMT) und quantitative Auswertung der Radioaktivität des ^{3}H-Epinephrins (Henry DP, Starman BJ, Johnson DG, Williams RH (1975) A sensitive radioenzymatic assay for norepinephrine in tissue and plasma. Life Sci 16:375-384).

Diese Methode ist auf Phenyläthanolamine mit primärer Aminogruppe beschränkt, von denen das wichtigste das Norepinephrin ist.

Anwendbar auf alle Catechole und damit die Methode der Wahl ist die radioenzymatische Methylierung mittels Catechol-O-Methyltransferase (COMT). Die zahlreichen Publikationen, die dieses Verfahren beinhalten, unterscheiden sich nur in Reinigung und Auftrennung der radioaktiven Reaktionsprodukte:

Coyle JT, Henry D (1973) Catecholamines in fetal and newborn rat brain. J Neurochem 21:61-67

Da Prada M, Zürcher G (1976) Simultaneous radioenzymatic determination of plasma and tissue adrenaline, noradrenaline and dopamine within the femtomole range. Life Sci 19:1161-1174

Ben-Jonathan N, Porter JC (1976) A sensitive radioenzymatic assay for dopamine, norepinephrine, and epinephrine in plasma and tissue. Endocrinology 98:1497-1507

Klaniecki TS, Corder CN, McDonald Jr RH, Feldman JA (1977) High-performance liquid chromatographic radioenzymatic assay for plasma catecholamines. J Lab Clin Med 90:604-612

Müller T (1978) Radioenzymatische Simultanbestimmung von Adrenalin und Noradrenalin in Plasma. Arzneimittelforschung 28:1304

11. 3.4-Dihydroxyphenylessigsäure (DOPAC) (optimiert für Striatum der Ratte)

Modifikation der Methode von

Kebabian JW, Saavedra JM, Axelrod J (1977) A sensitive enzymatic-radioisotopic assay for 3,4-dihydroxyphenylacetic acid. J Neurochem 28:795-801

Vorkommen

Gehirn (dopaminerge Neurone), Serum.

Biologische Bedeutung

Wichtiger Metabolit des Dopamins.

Reaktionsablauf

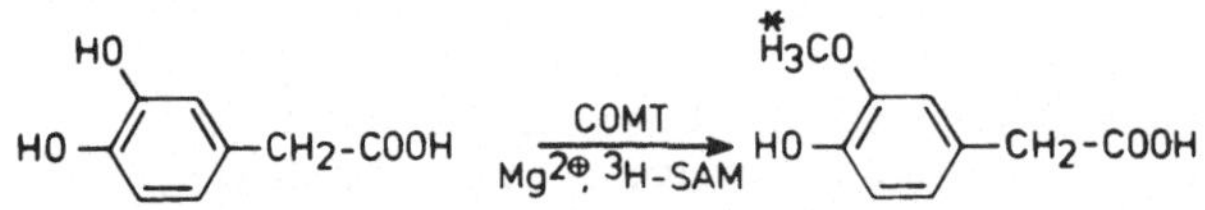

HO, HO — C_6H_3 — CH_2-COOH $\xrightarrow[Mg^{2\oplus},\ ^3H\text{-}SAM]{COMT}$ $H_3\overset{*}{C}O$, HO — C_6H_3 — CH_2-COOH

3.4-Dihydroxyphenylessigsäure → **^{3}H-Homovanillinsäure**

DOPAC wird (wie andere Catechole) durch das Enzym Catechol-O-Methyltransferase (COMT) an der metaständigen Hydroxylgruppe methyliert. Die übertragene Methylgruppe ist Tritium-markiert, so daß ^{3}H-3-Methoxy-4-hydroxyphenylessigsäure (auch Homovanillinsäure – HVA – genannt) entsteht, die nach Abtrennen anderer radioaktiver Substanzen (hauptsächlich Vanillinmandelsäure und 3-Methoxy-4-hydroxyphenylglykol) im Szintillationsspektrometer gemessen werden kann.

Material

3.4-Dihydroxyphenylessigsäure (DOPAC)	(Sigma)
^{3}H-S-Adenosyl-L-methionin (12.6 Ci/mMol; 1 µCi/µl) (^{3}H-SAM)	(Amersham-Buchler)
Dowex 50 W X 8 (100-200 mesh, $H^{\oplus}$)	(Serva)
Homovanillinsäure (HVA)	(Sigma)
Vanillinmandelsäure (VMA)	(Sigma)
bis-(4-hydroxy-3-methoxyphenylglykol)-Piperazinsalz (MOPEG)	(Sigma)
Unisolve-100	(Zinsser)

Testansatz (40 µl-Reaktionsgemisch)

Perchlorsäureextrakt (Gewebe in eiskalter 0.1 N $HClO_4$ homogenisieren (1:40; w/v), dann 10 min bei 10 000 g zentrifugieren. Im Überstand wird DOPAC bestimmt)			20 µl
0.1 N $HClO_4$ *oder* DOPAC-Standard (s. Anm.2)			10 µl
Mix: COMT		4 µl	10 µl
^{3}H-SAM, s.o.		1 µl	
EGTA, 40 mM $MgCl_2$, 8 mM Tris-HCl, 2 M Dithiothreitol, 5 µg	(pH 9.6)	5 µl	

Man startet die Reaktion durch Zugabe des Mixes, inkubiert 90 min bei 37°C im Schüttelwasserbad (4 ml-PPN-Röhrchen) und stoppt mit 200 µl Stopplösung. Nach Zugabe von 100 µl Dowex 50 W X 4 [100-200 mesh; wäßrige 1:1 Suspension (v/v)] wird kräftig durchgemischt. Danach Zugabe von 900 µl Wasser, mischen, 5 min bei ca. 3000 U/min zentrifugieren, 900 µl der wäßrigen Phase in ein 14 ml-PPN-Röhrchen (I) pipettieren. Erneut 700 µl Wasser zum Dowex-Rückstand geben, mischen, zentrifugieren, 750 µl der wäßrigen Phase mit den ersten 900 µl vereinigen. Nach Zugabe von 2 ml Citrat-Na-phosphat-Puffer (pH 7.0, s. Anm.5) und 5 ml wassergesättigtem Äthylacetat wird 5 min am Rotator gemischt, zentrifugiert und anschließend die Oberphase mit der Wasserstrahlpumpe abgesaugt. Diese Prozedur wird zweimal wiederholt. Nach Zugabe von 1.1 ml 100 mM Citronensäure und 6 ml wassergesättigtem Äthylacetat wird 5 min am Rotator gemischt, zentrifugiert und werden 5 ml der Oberphase in ein 14 ml-PPN-Röhrchen (II) pipettiert. Nach Zugabe von 1 ml Citrat-Na-phosphat-Puffer (pH 5.0; s. Anm.5) wird 5 min am Rotator gemischt, zentrifugiert und werden 4.2 ml der Oberphase in ein 14 ml-PPN-Röhrchen (III) pipettiert, das 1 ml Citrat-Na-phosphat-Puffer (pH 5.0) enthält. Man mischt 5 min am Rotator, zentrifugiert, gibt 3 ml Unisolve-100 zu 3.8 ml der Oberphase und zählt mit Hilfe eines Flüssigkeits-Szintillationsspektrometers.

Falls wenig Gewebe zur Verfügung steht (Stanzproben), empfiehlt sich ein kleineres Inkubationsvolumen. Die Genauigkeit des Tests leidet jedoch etwas unter der Verringerung des Volumens. Folgender Ansatz mit 20 µl-Reaktionsgemisch ist erprobt worden:

Perchlorsäureextrakt	10 µl
0.1 N $HClO_4$ *oder* DOPAC-Standard (s. Anm.2)	5 µl
Mix (wie oben)	5 µl

Anmerkungen

1. Blindwert: 0.1 N $HClO_4$ anstelle des Perchlorsäureextraktes. Man findet ca. 1% der eingesetzten Radioaktivität.
2. DOPAC-Standard: täglich frisch bereiten und in Gegenwart von Gewebe bestimmen. 3.36 mg DOPAC (MG 168.0)/200 ml Wasser. Verdünnung 1 + 99 mit 0.1 N $HClO_4$: 10 pMol/10 µl. Eichkurve mit 5, 2.5 und 1.25 pMol aufstellen.
3. Catechol-O-Methyltransferase aus Rattenleber: J Neurochem 21: 61-67 (1973). Das Enzym ist bei -30°C gelagert mindestens 1 Jahr ohne nennenswerten Aktivitätsverlust haltbar. Es sollte nicht wiederholt aufgetaut und eingefroren werden. (Dieses Enzym kann man bei der Fa. Sigma kaufen.)
4. Wassergesättigtes Äthylacetat sollte täglich frisch bereitet werden: Bildung chemilumineszierender Verbindungen beim Aufbewahren.
5. Citrat-Na-Phosphatpuffer (pH 7.0): 0.1 M Citronensäure und 0.2 M NaH_2PO_4 mit NaOH auf pH 7.0 bringen. Citrat-Na-Phosphatpuffer (pH 5.0): 0.1 M Citronensäure und 0.2 M NaH_2PO_4 mit NaOH auf pH 5.0 bringen.

6. Stopplösung: Mischung von 100 µl 12% Trichloressigsäure und 100 µl einer wäßrigen Lösung von je 10 mg/100 ml Homovanillinsäure, Vanillinmandelsäure und bis-(4-hydroxy-3-methoxyphenylglykol)-Piperazinsalz.
7. Mix mit COMT, ^{3}H-SAM und Dithiothreitol täglich frisch bereiten.
8. Empfindlichkeit des Tests: ca. 0.3 pMol DOPAC/10µl (≙ ca. 50 pg).

Pro Person und Arbeitstag können ca. 20 DOPAC-Bestimmungen (mit Doppelwerten) durchgeführt werden.

Auf demselben Prinzip beruht eine Methode zur DOPAC-Bestimmung, die von A. Argiolas, F. Fadda, E. Stefanini und G.L. Gessa (1977) ausgearbeitet wurde (A simple radioenzymatic method for determination of picogram amounts of 3.4-dihydroxyphenylacetic acid (DOPAC) in the rat brain. J Neurochem 29:599-601).

Neben der weniger empfindlichen fluorimetrischen DOPAC-Bestimmung (Murphy GF, Robinson D, Sharman DF (1969) The effect of tropolone on the formation of 3,4-dihydroxyphenylacetic acid and 4-hydroxy-3-methoxyphenylacetic acid in the brain of the mouse. Br J Pharmacol 36:107-115) ist ein Verfahren mit kombinierter Gaschromatographie-Massenspektrometrie beschrieben worden (Gordon EK, Markey SP, Sherman RL, Kopin IJ (1976) Conjugated 3,4-dihydroxyphenylacetic acid (DOPAC) in human and monkey cerebrospinal fluid and rat brain and the effects of probenecid treatment. Life Sci 18:1285-1292).

12. 3-Methoxy-4-hydroxyphenylessigsäure (Homovanillinsäure) (HVA) (Striatum der Ratte)

Spano PF, Neff NH (1971) Procedure for the simultaneous determination of dopamine, 3-methoxy-4-hydroxyphenylacetic acid, and 3,4-dihydroxyphenylacetic acid in brain. Anal Biochem 42: 113-118

Vorkommen

Gehirn, Serum, Liquor, Urin.

Biologische Bedeutung

Wichtiger Metabolit des Dopamins.

Reaktionsablauf

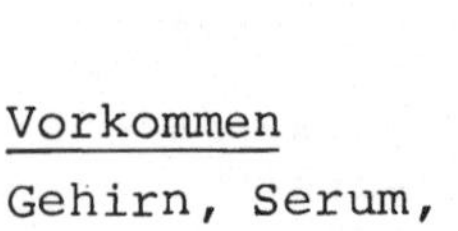

H_3CO

$HO-C_6H_3-CH_2-COOH$

Homovanillinsäure

Homovanillinsäure kann neben Dopamin und 3.4-Dihydroxyphenylessigsäure (DOPAC) bestimmt werden, indem die beiden Catechole an Aluminiumoxid gebunden werden und die nicht adsorbierte HVA mit n-Butylacetat extrahiert wird. Die fluorimetrische Bestimmung der Homovanillinsäure erfolgt nach Oxidation mit K-hexacyanoferrat(III).

Material

Na-disulfit	(Riedel)
Homovanillinsäure (HVA)	(Sigma)
Aluminiumoxid (neutral, Aktiv.-Stufe III)	(Woelm)
n-Butylacetat	(Riedel)
K-hexacyanoferrat(III)	(Merck)
Cystein-HCl	(Sigma)

Bestimmung

Man homogenisiert das Striatum in 4 Vol.T. eiskalter 0.4 N $HClO_4$ (mit 0.05% Na-disulfit), zentrifugiert 15 min bei 10 000 g und bringt 1 ml des Überstandes in ein 7 ml-PPN-Röhrchen. Nach Zugabe von 3 ml 500 mM Tris-HCl (pH 9.0) (oder 3 ml desselben Puffers mit HVA-Standard; s. Anm.2) und ca. 300 mg Al_2O_3 mischt man 15 min am Rotator und zentrifugiert 3 min bei 1000 U/min. Dann bringt man 2.5 ml des Überstandes in ein 14 ml-PPN-Röhrchen, gibt 7 ml n-Butylacetat, genügend KCl, um eine gesättigte Lösung zu erhalten, und 500 µl 8 N HCl hinzu. Man mischt 10 min am Rotator, zentrifugiert 5 min bei ca. 3000 U/min und bringt 6 ml der organischen Phase in ein 14 ml-PPN-Röhrchen, das 1.5 ml 5 N NH_3-Lösung enthält. Nach 10 min Mischen am Rotator zentrifugiert man, saugt die organische Phase ab und gibt 1 ml der wäßrigen Phase in ein 4 ml-PPN-Röhrchen. Man setzt 100 µl 0.02% K-hexacyanoferrat(III)-Lösung zu und genau 4 min später 200 µl 0.1% Cystein-HCl-Lösung. Die Fluoreszenz wird bei 430 nm gemessen (Anregung bei 315 nm; unkorrigierte Werte).

Anmerkungen

1. Blindwert: Zugabe von Wasser anstelle der K-hexacyanoferrat (III)- und Cystein-HCl-Lösung.
2. HVA-Standard: täglich frisch bereiten und in Gegenwart von Gewebe bestimmen. 7.28 mg HVA (MG 182.0)/30 ml 500 mM Tris-HCl (pH 9.0). Verdünnung 1 + 999 mit 500 mM Tris-HCl (pH 9.0): 4 nMol/3 ml. Eichkurve mit 4, 2, 1 und 0.5 nMol aufstellen.
3. Empfindlichkeit des Tests: ca. 0.2 nMol HVA/Probe (≙ ca. 36 ng).

Pro Person und Arbeitstag können ca. 20 HVA-Bestimmungen (mit Doppelwerten) durchgeführt werden.

Neben der fluorimetrischen HVA-Bestimmung, die in verschiedenen Modifikationen existiert, gibt es gaschromatographische Methoden zur Messung der Homovanillinsäure:

Dziedzic SW, Bertani LM, Clarke DC, Gitlow SE (1972) A new derivative for the gas-liquid chromatographic determination of homovanillic acid. Anal Biochem 47:592-600

Hamilton PN, Mackay AVP (1976) A sensitive gas-liquid chromatographic assay for homovanillic acid (HVA) and 3,4-dihydroxyphenylacetic acid (DOPAC) applied to twenty areas of the human brain. Brain Res 118:161-166

Eine massenspektrometrische HVA-Bestimmung ist bei B. Sjöquist und B. Johansson (1978) angegeben (A comparison between fluorometric and mass fragmentographic determinations of homovanillic acid and 5-hydroxyindoleacetic acid in human cerebrospinal fluid. J Neurochem 31:621-625).

13. 3-Methoxy-4-hydroxyphenyläthylenglykol-sulfat (MOPEG-sulfat) (Gehirn der Ratte)

Meek JL, Neff NH (1972) Fluorometric estimation of 4-hydroxy-3-methoxy-phenylethylenglycol sulphate in brain. Br J Pharmacol 45:435-441

Vorkommen

Gehirn, Liquor, Urin.

Biologische Bedeutung

Wichtiger Metabolit des L-Norepinephrins.

Reaktionsablauf

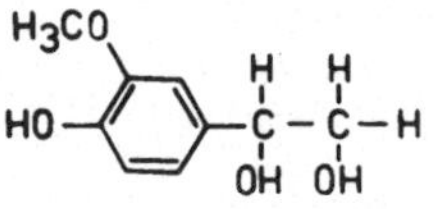

3-Methoxy-4-hydroxy-phenyläthylenglykol

Man isoliert das MOPEG-sulfat aus dem Gewebe durch Bindung an einen Anionenaustauscher, wäscht Verunreinigungen aus, eluiert mit Säure und läßt das MOPEG mit 1.2-Diaminoäthan reagieren. Die entstandene Verbindung wird fluoreszenzspektroskopisch gemessen.

Material

Ba-hydroxid	(Riedel)
DEAE Sephadex A-25	(Pharmacia)
Cystein-HCl	(Serva)

bis-(4-Hydroxy-3-methoxyphenyl-glykol)-Piperazinsalz (Sigma)

1.2-Diaminoäthan (Merck)

Bestimmung

Man homogenisiert das Gewebe in 0.2 M Zinksulfat (1:4; w/v), gibt 4 Vol.T. 0.2 M Ba-hydroxid hinzu und zentrifugiert 10 min bei 30 000 g. Den Überstand bringt man in eine Sarstedt-Pipettenspitze (gefüllt mit DEAE Sephadex; ca. 3 cm hoch), wäscht die Säule mit 8 ml 0.06 N HCl und eluiert mit 5.5 ml 0.15 N HCl. Zu dem Eluat gibt man 200 µl 1.5% Cystein-HCl-Lösung und 300 µl 60% Perchlorsäure. 2 ml dieser Lösung erhitzt man 12 min im siedenden Wasserbad (Gewebeprobe und Standard; Blindwertprobe 12 min bei Raumtemperatur belassen), setzt 300 µl 1.2-Diaminoäthan zu und erhitzt 5 min im siedenden Wasserbad. Nach Abkühlen auf Raumtemperatur mißt man die Fluoreszenz bei 465 nm (Anregung bei 320 nm; unkorrigierte Werte).

Anmerkungen

1. Blindwert: s. unter Bestimmung.
2. Cystein-HCl-Lösung täglich frisch bereiten.
3. MOPEG-Standard: täglich frisch bereiten und zum Gewebe-Homogenat geben. 4.54 mg bis-(4-Hydroxy-3-methoxyphenylglykol)-Piperazinsalz (MG 454.4)/1 ml Wasser. Verdünnung 1 + 99 mit 0.2 M $ZnSO_4$: 1 nMol/10 µl. Eichkurve mit 1.0, 0.5, 0.25 und 0.125 nMol aufstellen.
4. Empfindlichkeit des Tests: ca. 50 pMol MOPEG/Probe (≙ ca. 8 ng).

Pro Person und Arbeitstag können ca. 20 MOPEG-Bestimmungen (mit Doppelwerten) durchgeführt werden.

D.F. Sharman (1969) beschrieb eine gaschromatographische Bestimmung für MOPEG (und 3.4-Dihydroxyphenyläthylenglykol-DOPEG) · im Hypothalamus der Ratte (Glycol metabolites of noradrenaline in brain tissue. Br J Pharmacol 36:523-534).

Eine kombinierte, gaschromatographisch-massenspektrometrische Methode zur Messung von MOPEG (und HVA bzw. VMA) wurde von J.-P. Ader, F.A.J. Muskiet, H.J. Jeuring und J. Korf (1978) mitgeteilt (On the origin of vanillylmandelic acid and 3-methoxy-4-hydroxyphenylglycol in the rat brain. J Neurochem 30:1213-1216).

14. Octopamin (OCT)
(optimiert für Hypothalamus der Ratte)

Modifikation der Methode von

Saavedra JM (1974) Enzymatic-isotopic method for octopamine at the picogram level. Anal Biochem 59:628-633

Vorkommen

Gehirn, Herz, Milz, Urin.

Biologische Bedeutung

Neurotransmitter?

Reaktionsablauf

HO–C₆H₄–CH(OH)–CH₂–NH₂ —PNMT, ³H-SAM→ HO–C₆H₄–CH(OH)–CH₂–NH–C*H₃

Octopamin → ^{3}H-N-Methyloctopamin (^{3}H-Synephrin)

Das Enzym Phenyläthanolamin-N-Methyltransferase (PNMT) methyliert die Aminogruppe des Octopamins unter Übertragung einer ^{3}H-Methylgruppe. Das gebildete ^{3}H-N-Methyloctopamin (^{3}H-Synephrin) läßt sich aus alkalischem Milieu mit Toluol/Isoamylalkohol extrahieren, das nicht umgesetzte ^{3}H-S-Adenosyl-L-methionin bleibt in der wäßrigen Phase.

Material

Octopamin-hydrochlorid	(Sigma)
^{3}H-S-Adenosyl-L-methionin (12.6 Ci/mMol; 1 µCi/µl) (^{3}H-SAM)	(Amersham-Buchler)
S-Adenosyl-L-methionin (SAM)	(Boehringer)
Iproniazid (MAO-Inhibitor)	(Sigma)
Synephrin	(Sigma)
Unisolve-100	(Zinsser)

Testansatz (40 µl-Reaktionsgemisch)

Homogenisierpuffer *oder* Octopamin-Standard (s. Anm.2)		10 µl
Gewebeextrakt (Gewebe in eiskaltem 20 mM Tris-HCl (pH 8.6 mit 1 mM Iproniazid) (Homogenisierpuffer) homogenisieren (1:30; w/v). Das Homogenat 3 min bei 90°C erhitzen, dann 20 min bei 10 000 g zentrifugieren. Im Überstand wird das Octopamin bestimmt)		20 µl
Mix: PNMT (s. Anm.4)	4.5 µl	10 µl
^{3}H-SAM, s.o.	1.0 µl	
SAM, 600 µM	0.1 µl	
Homogenisierpuffer	4.4 µl	

Man startet die Reaktion durch Zugabe des Mixes, inkubiert 45 min bei 37°C im Schüttelwasserbad (14 ml-PPN-Röhrchen) und stoppt mit 100 µl 500 mM Na-borat 6 pH 10.0). Nach Zugabe von 10 µl Synephrin-Lösung (1 mg/3 ml Wasser) und 7 ml Toluol/Isoamylalkohol (3:2; v/v) mischt man 10 min am Rotator, zentrifugiert 5 min bei ca. 3000 U/min und bringt 6 ml der Oberphase in ein 14 ml-PPN-Röhrchen, das 500 µl 500 mM Na-borat (pH 10.0) enthält. Man mischt erneut 10 min am Rotator, zentrifugiert, bringt 5 ml der Oberphase in ein Zählgläschen, trocknet bei 80°C, gibt 3 ml Unisolve-100 zum Rückstand und zählt mit Hilfe eines Flüssigkeits-Szintillationsspektrometers.

Falls wenig Gewebe zur Verfügung steht (Stanzproben), empfiehlt sich ein kleineres Inkubationsvolumen. Die Genauigkeit des Tests leidet jedoch etwas unter der Verringerung des Volumens. Folgender Ansatz mit 20 µl-Reaktionsgemisch ist erprobt worden:

Homogenisierpuffer *oder* Octopamin-Standard (s. Anm.2)	5 µl
Gewebeextrakt	10 µl
Mix (wie oben)	5 µl

Anmerkungen

1. Blindwert: Homogenisierpuffer anstelle des Gewebeextraktes: Man findet ca. 0.1% der eingesetzten Radioaktivität.
2. Octopamin-Standard: täglich frisch bereiten und in Gegenwart von Gewebe bestimmen. Eichkurve mit 4, 2, 1 und 0.5 pMol aufstellen. 7.6 mg Octopamin-HCl (MG 189.6)/500 ml Wasser. Verdünnung 1 + 99 mit Homogenisierpuffer: 8 pMol/10 µl.
3. SAM-Lösungen höchstens 1 Tag im Kühlschrank aufbewahren.
4. Phenyläthanolamin-N-Methyltransferase aus Rinder-Nebennierenmark [J Pharmacol Exp Ther (1971) 178:425-431]. Das Enzym ist bei -80°C mindestens 1 Jahr ohne nennenswerten Aktivitätsverlust haltbar.
5. Trocknung der Proben ist notwendig. Sie erhöht die Empfindlichkeit des Tests um ein Mehrfaches. Trockenzeit ca. 24 h. Eine Mindesttrockenzeit von 12 h sollte nicht unterschritten werden.
6. Empfindlichkeit des Tests: ca. 0.3 pMol OCT/10 µl (≙ ca. 60 pg).

Pro Person und Arbeitstag können ca. 80 Octopamin-Bestimmungen (mit Doppelwerten) durchgeführt werden.

A.J. Harmar und A.S. Horn (1976) modifizierten die oben beschriebene Methode. Durch Reinigung des ^{3}H-N-Methyloctopamin auf Dünnschichtchromatographie-Platten erreichen sie eine größere Spezifität des Tests (Octopamine in mammalian brain: rapid post mortem increase and effects of drugs. J Neurochem 26:987-993).

Sowohl die Isomeren p-Octopamin und m-Octopamin als auch Phenyläthanolamin können nebeneinander durch N-Methylierung mit PNMT und ^{3}H-SAM und Dansylierung der Reaktionsprodukte mit anschließender dünnschichtchromatographischer Trennung quantitativ bestimmt werden (Danielson TJ, Boulton AA, Robertson HA (1977) m-Octopamine, p-octopamine and phenylethanolamine in rat brain: a sensitive, specific assay and the effects of some drugs. J Neurochem 29:1131-1135).

15. Phenyläthanolamin (PEAOH) (optimiert für Hypothalamus der Ratte)

Modifikation der Methode von

Saavedra J, Axelrod J (1973) Demonstration and distribution of phenylethanolamine in brain and other tissues. Proc Natl Acad Sci USA 70:769-772

Vorkommen

Lunge, Milz, Herz, Vas deferens, Gehirn.

Biologische Bedeutung

Neurotransmitter?

Reaktionsablauf

$$C_6H_5\text{-}\underset{OH}{CH}\text{-}CH_2\text{-}NH_2 \xrightarrow[^3H\text{-}SAM]{PNMT} C_6H_5\text{-}\underset{OH}{CH}\text{-}CH_2\text{-}\underset{H}{N}\text{-}\overset{*}{C}H_3$$

Phenyläthanolamin → ^{3}H-N-Methyl-phenyläthanolamin

Das Enzym Phenyläthanolamin-N-Methyltransferase (PNMT) methyliert die Aminogruppe des Phenyläthanolamins unter Übertragung einer ^{3}H-Methylgruppe. Das gebildete ^{3}H-N-Methylphenyläthanolamin läßt sich aus alkalischem Milieu mit n-Heptan/Isoamylalkohol extrahieren, das nicht umgesetzte ^{3}H-S-Adenosyl-L-methionin bleibt in der wäßrigen Phase.

Material

Substanz	Hersteller
Phenyläthanolamin-hydrochlorid	(Regis)
^{3}H-S-Adenosyl-L-methionin (12.6 Ci/mMol; 1 µCi/µl) (^{3}H-SAM)	(Amersham-Buchler)
S-Adenosyl-L-methionin (SAM)	(Boehringer)
Iproniazid (MAO-Inhibitor)	(Sigma)
Unisolve-100	(Zinsser)

Testansatz (40 µl-Reaktionsgemisch)

Homogenisierpuffer *oder* Phenyläthanolamin-Standard (s. Anm.2)	10 µl
Gwebeextrakt (Gewebe in eiskaltem 20 mM Tris-HCl (pH 8.6) mit 1 mM Iproniazid (Homogenisierpuffer) homogenisieren (1:20; w/v). Das Homogenat 3 min bei 90°C erhitzen, dann 20 min bei 10 000 g zentrifugieren. Im Überstand wird das Phenyläthanolamin bestimmt)	20 µl
Mix: PNMT (s. Anm.4) 4.5 µl; ^{3}H-SAM, s.o. 1.0 µl; SAM, 600 µM 0.1 µl; Homogenisierpuffer 4.4 µl	10 µl

Man startet die Reaktion durch Zugabe des Mixes, inkubiert 45 min bei 37°C im Schüttelwasserbad (4 ml-PPN-Röhrchen) und stoppt mit 100 µl 500 mM Na-borat (pH 10.0). Nach Zugabe von 3.2 ml n-Heptan/Isoamylalkohol (95:5; v/v) mischt man 10 min am Rotator und zentrifugiert 5 min bei ca. 3000 U/min. 2.5 ml der Oberphase werden bei 40°C (leichtes Vakuum) getrocknet, zum Rückstand gibt man 3 ml Unisolve-100 und zählt mit Hilfe eines Flüssigkeits-Szintillationsspektrometers.

Falls wenig Gewebe zur Verfügung steht (Stanzproben), empfiehlt sich ein kleineres Inkubationsvolumen. Die Genauigkeit des Tests leidet jedoch etwas unter der Verringerung des Volumens. Folgender Ansatz mit 20 µl-Reaktionsgemisch ist erprobt worden:

Homogenisierpuffer *oder* Phenyläthanolamin-Standard (s. Anm.2)	5 µl
Gewebeextrakt	10 µl
Mix (wie oben)	5 µl

Anmerkungen

1. Blindwert: Homogenisierpuffer anstelle des Gewebeextraktes: Man findet ca. 0.1% der eingesetzten Radioaktivität.
2. Phenyläthanolamin-Standard: täglich frisch bereiten und in Gegenwart von Gewebe bestimmen. Eichkurve mit 4, 2, 1 und 0.5 pMol aufstellen. 6.95 mg Phenyläthanolamin-HCl (MG 173.5)/ 500 ml Wasser. Verdünnung 1 + 99 mit Homogenisierpuffer: 8 pMol/10 µl.
3. SAM-Lösung täglich frisch bereiten.
4. Phenyläthanolamin-N-Methyltransferase aus Rinder-Nebennierenmark [J Pharmacol Exp Ther (1971) 178:425-431]. Das Enzym ist bei -80°C mindestens 1 Jahr ohne nennenswerten Aktivitätsverlust haltbar.
5. Trocknung der Proben ist notwendig. Sie erhöht die Empfindlichkeit des Tests um ein Mehrfaches. Trockenzeit ca. 24 h. Eine Mindesttrockenzeit von 12 h sollte nicht unterschritten werden.
6. Empfindlichkeit des Tests: ca. 0.5 pMol PEAOH/10 µl (≙ ca. 50 pg).

Pro Person und Arbeitstag können ca. 80 Phenyläthanolamin-Bestimmungen (mit Doppelwerten) durchgeführt werden.

Eine massenspektrometrische Phenyläthanolamin-Bestimmung beschreiben J. Willner, H.F. LeFevre und E. Costa (1974) (Assay by multiple ion detection of phenylethylamine and phenylethanolamine in rat brain. J Neurochem 23:857-859).

16. Catecholöstrogene (CatE) (optimiert für Leber der Ratte)

Modifikation der Methode von

Paul SM, Axelrod J (1977) A rapid and sensitive radioenzymatic assay for catechol estrogens in tissues. Life Sci 21:493-502

Vorkommen

Hypothalamus, Hypophyse, Leber.

Biologische Bedeutung

Hauptabbauprodukte natürlich vorkommender Östrogene.

Reaktionsablauf

2-Hydroxyöstradiol → **^3H-2-Methoxyöstradiol**

Das Enzym Catechol-O-Methyltransferase (COMT) methyliert die Hydroxylgruppe am C_2 des 2-Hydroxyöstradiols unter Übertragung von ^3H-Methyl. Das gebildete ^3H-2-Methoxyöstradiol läßt sich aus alkalischem Milieu mit n-Heptan extrahieren, das nicht umgesetzte ^3H-S-Adenosyl-L-methionin bleibt in der wäßrigen Phase.

Material

2-Hydroxyöstradiol	(Geschenk der Fa. Schering, Berlin)
^3H-S-Adenosyl-L-methionin (12.6 Ci/mMol; 1 µCi/ µl) (^3H-SAM)	(Amersham-Buchler)
S-Adenosyl-L-methionin (SAM)	(Boehringer)

n-Heptan	(Merck)
Unisolve-100	(Zinsser)

Testansatz (40 µl-Reaktionsgemisch)

100 mM Tris-HCl (pH 7.6) *oder* Catecholöstrogen-Standard (s. Anm.2)		10 µl
Gewebeextrakt (s. Anm.5)		20 µl
Mix: Tris-HCl, 100 mM (pH 7.6)	4 µl	10 µl
$MgCl_2$, 1 M	2 µl	
COMT (s. Anm.4)	2 µl	
^{3}H-SAM, s.o.	1.5 µl	
SAM, 100 µM	0.5 µl	

Man startet die Reaktion durch Zugabe des Mixes, inkubiert 10 min bei 37°C im Schüttelwasserbad (4 ml-PPN-Röhrchen) und stoppt mit 200 µl 500 mM Na-borat (pH 10.0). Nach Zugabe von 3.2 ml n-Heptan mischt man 10 min am Rotator, zentrifugiert 5 min bei ca. 3000 U/min, bringt 2.5 ml der Oberphase in ein Zählgläschen, trocknet bei 80°C, gibt 3 ml Unisolve-100 zum Rückstand und zählt mit Hilfe eines Flüssigkeits-Szintillationsspektrometers.

Falls wenig Gewebe zur Verfügung steht (Stanzproben), epmfiehlt sich ein kleineres Inkubationsvolumen. Die Genauigkeit des Tests leidet nur geringfügig unter der Verringerung des Volumens. Folgender Ansatz mit 20 µl-Reaktionsgemisch ist erprobt worden:

100 mM Tris-HCl (pH 7.6) *oder* Catecholöstrogen-Standard	5 µl
Gewebeextrakt	10 µl
Mix (wie oben)	5 µl

Anmerkungen

1. Blindwert: 100 mM Tris-HCl (pH 7.6) anstelle des Gewebeextraktes: Man findet ca. 0.1% der eingesetzten Radioaktivität.
2. Catecholöstrogen-Standard: täglich frisch bereiten und in Gegenwart von Gewebe bestimmen. Eichkurve mit 5, 2.5 und 1.25 ng aufstellen. 1 mg 2-Hydroxyöstradiol in 2 ml absolutem Äthanol lösen. Verdünnung 1 + 999 mit 100 mM Tris-HCl (pH 7.6): 5 ng/10 µl.
3. SAM-Lösungen höchstens 1 Tag im Kühlschrank aufbewahren.
4. Catechol-O-Methyltransferase aus Rattenleber [J Neurochem (1973) 21:61-67]. Das Enzym ist bei -30°C gelagert mindestens 1 Jahr ohne nennenswerten Aktivitätsverlust haltbar. Es sollte nicht wiederholt aufgetaut und eingefroren werden. (Dieses Enzym kann man bei der Fa. Sigma kaufen.)
5. Gewebeextrakt (Leber): Nach dem Töten des Tieres wird die Leber sofort entnommen, auf Eis gelegt, in kleine Stückchen geschnitten und in 20 Volumenteilen eiskalter 0.1 N HCl homogenisiert. Das Homogenat extrahiert man dreimal mit eiskaltem wasserfreiem Diäthyläther. Alle Extraktionsschritte sollten

bei ca. 4°C (Kühlraum) durchgeführt werden. Die vereinigten Ätherextrakte trocknet man unter einem Stickstoffstrom bei Raumtemperatur, nimmt den Rückstand mit 200 µl 100 mM Tris-HCl (pH 7.6) auf, kühlt auf 0°C ab (Eisbad) und führt die Catecholöstrogen-Bestimmung umgehend durch.

6. Trocknung der Proben ist notwendig. Sie erhöht die Empfindlichkeit des Tests um ein Mehrfaches. Trockenzeit ca. 12 h. Eine Mindesttrockenzeit von 6 h sollte nicht unterschritten werden.
7. Empfindlichkeit des Tests: ca. 100 pg CatE/10 µl.

Pro Person und Arbeitstag können ca. 40 Catecholöstrogen-Bestimmungen (mit Doppelwerten) durchgeführt werden.

Über die quantitative Bestimmung verschiedener Catecholöstrogene und ihrer Methyläther mittels Gaschromatographie/Massenspektrometrie berichten H.-O. Hoppen und L. Siekmann (1974) (Gas chromatography-mass spectrometry of catechol estrogens. Steroids 23: 17-34).

17. Tryptophanhydroxylase (TrpOH) (optimiert für Hirnstamm der Ratte)

Modifikation der Methode von

Ichiyama A, Nakamura S, Nishizuka Y, Hayaishi O (1970) Enzymic studies on the biosynthesis of serotonin in mammalian brain. J Biol Chem 245:1699-1709

(Tryptophanhydroxylase 1.14.3b)

Vorkommen des Enzyms

Gehirn, Leber, Niere, Lunge.

Substrat

L-Tryptophan.

Inhibitor

p-Chlorphenylalanin.

Eigenschaften

40fache Reinigung des Enzyms aus dem Hirnstamm des Schweins. Ca. 65% sind membrangebunden, mehr als 25% sind löslich. MG = 55 000-60 000 Dalton. Das Enzym benötigt L-Tetrahydrobiopterin (BH_4) als Cofaktor.

Biologische Bedeutung

Enzym der Serotonin-Biosynthese: Bildung von L-5-Hydroxytryptophan aus L-Tryptophan.

Reaktionsablauf

^{14}C-L-Tryptophan $\xrightarrow[BH_4,\ O_2]{TrpOH}$ ^{14}C-5-Hydroxy-L-Tryptophan

$\xrightarrow{AADC}$ 5-Hydroxytryptamin (Serotonin) + $\overset{*}{C}O_2$

Die Tryptophanhydroxylase (TrpOH) hydroxyliert ^{14}C-L-Tryptophan zu ^{14}C-L-5-Hydroxytryptophan. Cofaktoren sind L-Tetrahydrobiopterin (BH_4) und Sauerstoff. Die Aromatische L-Aminosäuredecarboxylase (AADC) decarboxyliert das ^{14}C-L-5-Hydroxytryptophan unter Bildung von 5-Hydroxytryptamin (Serotonin) und ^{14}C-CO_2. L-Tryptophan wird unter diesen Bedingungen praktisch nicht decarboxyliert, da der K_m-Wert dieser Substanz ca. 100mal höher ist als der von L-5-Hydroxytryptophan. Das radioaktive CO_2 wird durch die auf dem Filterpapier befindliche starke organische Base absorbiert.

Material

Pyridoxalphosphat	(Sigma)
L-Tetrahydrobiopterin (BH_4)	(Geschenk der Fa. Roche, Basel)
^{14}C-(Carboxyl)-DL-Tryptophan (20 mCi/mMol; 20 nCi/µl) (^{14}C-Trp)	(Amersham-Buchler)
L-Tryptophan	(Sigma)
NCS-Solubilizer	(Amersham-Searle)
Filterpapier Nr.2316	(Schleicher & Schüll)

Testansatz (40 µl-Reaktionsgemisch)

				Endkonz.
Mix:	Tris-acetat, 800 mM (pH 7.4)	5.0 µl	10 µl	100 mM
	BH_4, 10 mM	1.0 µl		250 µM
	Pyridoxalphosphat, 800 µM	0.5 µl		10 µM
	Dithiothreitol, 8 mM	0.5 µl		100 µM
	L-Tryptophan, 240 µM	2.0 µl		
	^{14}C-Trp (s. Anm.4 u. 5)	1.0 µl		31 µM

Homogenat (Gewebe in eiskaltem 10 mM Tris-acetat (pH 7.4) (Homogenisierpuffer) homogenisieren (1:10; w/v), dann 20 min bei 30 000 g zentrifugieren. Im Überstand wird die Enzymaktivität bestimmt)	20 µl
AADC (s. Anm.6)	10 µl

Man inkubiert 45 min bei 37°C im Schüttelwasserbad (Spezialröhrchen zur CO_2-Absorption), stoppt die Reaktion mit 150 µl 50% Schwefelsäure (durch Schwenkung des Röhrchens) und läßt die Röhrchen weitere 90 min im Wasserbad. Zählen des Filterpapiers (ohne zu trocknen!) nach Zugabe von 10 ml Toluol mit 0.4% PPO im Flüssigkeits-Szintillationsspektrometer.

Falls wenig Gewebe zur Verfügung steht (Stanzproben), empfiehlt sich ein kleineres Inkubationsvolumen. Die Genauigkeit des Tests leidet jedoch etwas unter der Verringerung des Volumens. Sorgfältiges Arbeiten ist hierbei von größter Wichtigkeit. Folgender Ansatz eines Reaktionsgemisches zu 20 µl ist erprobt worden:

Mix (wie oben)	5 µl
Homogenat	10 µl
AADC	5 µl

Anmerkungen

1. Blindwert: Standard-Homogenat 5 min bei 95°C erhitzen. Man findet ca. 0.4% der eingesetzten Radioaktivität.
2. L-Tetrahydrobiopterin (BH_4) in 1 mM 2-Mercaptoäthanol lösen. Kann in kleinen Portionen bei -30°C gelagert werden.
3. Pyridoxalphosphat-, Dithiothreitol- und L-Tryptophan-Lösungen täglich frisch bereiten.
4. Es ist zu beachten, daß von dem racemischen Tryptophan nur 50% hydroxyliert werden können.
5. Die Reinheit des ^{14}C-DL-Tryptophan sollte von Zeit zu Zeit autoradiographisch überprüft werden (s. Packungsbeilage der Fa. Amersham-Buchler).
6. AADC aus Meerschweinchen-Niere (J Biol Chem (1962) 237:89-93). Das Enzym ist bei -30°C gelagert mindestens 6 Monate ohne nennenswerten Aktivitätsverlust haltbar. Es sollte nicht wiederholt aufgetaut und eingefroren werden.
7. Präparation des Filterpapiers: 75 µl NCS-Solubilizer auftropfen und eben antrocknen lassen.
8. Der Umsatz in der Testreaktion sollte zur Einhaltung der Linearität nicht mehr als 20% betragen.

Pro Person und Arbeitstag können ca. 20 TrpOH-Bestimmungen (mit Doppelwerten) durchgeführt werden.

Weitere radiochemische Methoden zur Messung der TrpOH-Aktivität

D.A.V. Peters, P.L. McGeer und E.G. McGeer (1968) setzen 3-^{14}C-L-Tryptophan als Substrat ein. Das gebildete radioaktiv markierte

5-Hydroxytryptophan wird zum ^{14}C-Serotonin decarboxyliert und vom Ausgangsprodukt an einem Ionenaustauscher abgetrennt (The distribution of tryptophan hydroxylase in cat brain. J Neurochem 15:1431-1435).

In Analogie zur TOH-Bestimmung setzen W. Lovenberg, R.E. Bensinger, R.L. Jackson und J.W. Daly (1971) 5-^{3}H-DL-Tryptophan als Substrat der TrpOH ein. Das Reaktionsprodukt 4-^{3}H-5-Hydroxytryptophan tauscht das Tritium mit Wasser aus, so daß die Menge des gebildeten ^{3}H-H_2O der TrpOH-Aktivität direkt proportional ist (Rapid analysis of tryptophan hydroxylase in rat tissue using 5-^{3}H-tryptophan. Anal Biochem 43:269-274).

J.S. Kizer, J.A. Zivin, J.M. Saavedra und M.J. Brownstein (1975) beschreiben einen komplizierten Test zur Bestimmung der TrpOH-Aktivität, der eine vielstufige enzymatische Umsetzung des L-Tryptophans umfaßt. Die beiden letzten Reaktionen sind Bestandteil der radioenzymatischen Serotonin-Bestimmung von Saavedra et al. (s. dort) (A sensitive microassay for tryptophan hydroxylase in brain. J Neurochem 24:779-785).

Fluoreszenzspektroskopische Meßverfahren

Friedman PA, Kappelman AH, Kaufman S (1972) Partial purification and characterization of tryptophan hydroxylase from rabbit hindbrain. J Biol Chem 247:4165-4173

J.L. Meek und L.M. Neckers (1975) messen 5-Hydroxytryptophan nach Auftrennung auf einer Hochdruckflüssigkeits-Chromatographie-Säule (Measurement of tryptophan hydroxylase in single brain nuclei by high pressure liquid chromatography. Brain Res 91: 336-340).

18. Serotonin (HT)
(optimiert für Hypothalamus der Ratte)

Modifikation der Methode von

Saavedra JM, Brownstein M, Axelrod J (1973) A specific and sensitive enzymatic-isotopic microassay for serotonin in tissues. J Pharmacol Exp Ther 186:508-515

Vorkommen

Gehirn, Lunge, Schleimhaut, Thrombozyt.

Biologische Bedeutung

Neurotransmitter. Es gibt Hinweise dafür, daß Serotonin an der Temperatur-Regulation, am Schlaf-Wach-Rhythmus und an der Schmerzentstehung beteiligt ist. Serotonin wird bei der Blutgerinnung aus den Thrombozyten freigesetzt. Im Dünndarm regt es die Peristaltik an.

Reaktionsablauf

HO–Serotonin: CH_2-CH_2-NH_2 → (AAC, Acetyl-CoA) → N-Acetylserotonin: CH_2-CH_2-N(H)-$COCH_3$

Serotonin N-Acetylserotonin

→ (HIOMT, ^3H-SAM) → $\overset{*}{H}_3CO$–, CH_2-CH_2-N(H)-$COCH_3$

^3H-Melatonin

Serotonin wird durch das Enzym N-Acetyltransferase an der primären Aminogruppe acetyliert. In einer weiteren Reaktion methyliert die Hydroxyindol-O-Methyltransferase (HIOMT) die Hydroxylgruppe des N-Acetylserotonins spezifisch, wobei ^3H-Melatonin entsteht. In alkalischer Lösung bleibt das ^3H-SAM in der wäßrigen Phase, während das ^3H-Melatonin mit Toluol extrahiert werden kann.

Material

Acetyl-Coenzym A (Acetyl-CoA)	(Boehringer)
^3H-S-Adenosyl-L-methionin (12.6 Ci/mMol; 1 µCi/µl) (^3H-SAM)	(Amersham-Buchler)
S-Adenosyl-L-methionin (SAM)	(Boehringer)
Melatonin	(Sigma)
Serotonin-Creatinin-sulfat	(Sigma)
Rinderpinealdrüsen	(Pel-Freez, Rogers, Arkansas, USA)
Unisolve-100	(Zinsser)

Testansatz (30 µl-Reaktionsgemisch)

			Endkonz.
Lösung A *oder* Serotonin-Standard (s. Anm.2)		10 µl	
HCl-Extrakt (Gewebe in eiskalter 0.1 N HCl homogenisieren (1:40; w/v), dann 10 min bei 10 000 g zentrifugieren. Im Überstand wird das Serotonin bestimmt)		10 µl	
Acetyl-CoA (8 mg/1 ml 0.1 mM HCl)	0.5 µl	5 µl	193 µM
N-Acetyltransferase (s. Anm.5)	4.5 µl		

Man startet die Reaktion durch Zugabe des Acetyl-CoA/Acetyltransferase-Gemisches (4 ml-PPN-Röhrchen). Nach 50 min bei 37°C im Schüttelwasserbad setzt man 5 µl des folgenden Mixes zu:

Mix:				
HIOMT (s. Anm.5)	2.0 µl	5 µl	
Na-phosphat, 200 mM (pH 7.9)	2.3 µl		15.3 mM
^{3}H-SAM, s.o.	0.5 µl		3.3 µM
SAM, 300 µM	0.2 µl		

Nach weiteren 15 min Inkubation stoppt man die Reaktion mit 150 µl 500 mM Na-borat-Puffer (pH 10.0), setzt 30 µl einer Melatonin-Lösung (1 mg/1 ml 25% Äthanol) und 3.2 ml Toluol zu, mischt 10 min am Rotator und zentrifugiert 5 min bei ca. 3000 U/min. 2.5 ml der Oberphase werden mit 2 ml Toluol im Zählgläschen bei 80°C getrocknet. Man zählt den Rückstand nach Zugabe von 3 ml Unisolve-100 im Flüssigkeits-Szintillationsspektrometer.

Falls wenig Gewebe zur Verfügung steht (Stanzproben), empfiehlt sich ein kleineres Inkubationsvolumen. Die Genauigkeit des Tests leidet jedoch etwas unter der Verringerung des Volumens. Folgender Ansatz von 16 µl-Reaktionsgemisch ist erprobt worden:

Lösung A *oder* Serotonin-Standard		5 µl
HCl-Extrakt		5 µl
Acetyl-CoA (8 mg/1 ml 0.1 mM HCl)	0.5 µl	3 µl
N-Acetyltransferase	4.5 µl	
Mix (wie oben)		3 µl

Anmerkungen

1. Blindwert: 0.1 N HCl anstelle des HCl-Extraktes: Man findet ca. 0.1% der eingesetzten Radioaktivität.
2. Serotonin-Standard: täglich frisch bereiten und in Gegenwart von Gewebe bestimmen. Eichkurve mit 4, 2, 1 und 0.5 pMol aufstellen. 7.75 mg Serotonin-Creatinin-sulfat (MG 387.4)/500 ml Wasser. Verdünnung 1 + 99 mit Lösung A: 4 pMol/10 µl.
3. Lösung A: Na-phosphat, 200 mM (pH 7.9) 10 ml
   NaOH, 1 N 1.1 ml
4. SAM- und Acetyl-CoA-Lösungen höchstens 1 Tag im Kühlschrank aufbewahren.
5. N-Acetyltransferase aus Rattenleber (J Pharmacol Exp Ther (1973) 186:508-515). Hydroxyindol-O-Methyltransferase aus Rinderpinealdrüsen (J Neurochem (1975) 24:779-785). Beide Enzyme sind bei -30°C gelagert mindestens 3 Monate ohne nennenswerten Aktivitätsverlust haltbar. Sie sollten nicht wiederholt aufgetaut und eingefroren werden.
6. Trocknung der Proben ist notwendig. Sie erhöht die Empfindlichkeit des Tests um ein Mehrfaches. Trockenzeit ca. 16 h. Eine Mindesttrockenzeit von 6 h sollte nicht unterschritten werden.
7. Empfindlichkeit des Tests: ca. 0.3 pMol Serotonin/5 µl (≙ ca. 50 pg).

Pro Person und Arbeitstag können ca. 40 Serotonin-Bestimmungen (mit Doppelwerten) durchgeführt werden.

Eine neuere Arbeit beschreibt eine Serotonin-Bestimmung, die auf demselben Prinzip wie die von Saavedra et al. angegebene beruht. Die N-Acetylierung des Serotonins wird hier chemisch mit Acetanhydrid durchgeführt. Die Autoren geben als Vorteil ihrer Methode an: Größere Empfindlichkeit durch höheren Acetylierungsgrad und niedrigere Blindwerte durch fehlende Decarboxylase-Aktivität (in teilgereinigter Arylamin-N-Acetyltransferase enthalten) (Hammel I, Naot Y, Ben-David E, Ginsburg H (1978) A simplified microassay for serotonin: modification of the enzymatic isotopic assay. Anal Biochem 90:840-843).

Zahlreiche fluorimetrische Bestimmungsmethoden für Serotonin sind beschrieben worden, von denen hier zwei angegeben werden sollen.

Snyder SH, Axelrod J, Zweig M (1965) A sensitive and specific fluorescence assay for tissue serotonin. Biochem Pharmacol 14: 831-835. Nach Extraktion des Serotonins mit organischen Lösungsmitteln läßt man es mit Ninhydrin zu einem Produkt reagieren, dessen intensive Fluoreszenz quantitativ ausgewertet wird.

C. Atack und M. Lindqvist (1973) nutzen die Reaktion mit o-Phthaldialdehyd zur fluorimetrischen Serotonin-Bestimmung aus (Conjoint native and orthophthaldialdehyde-condensate assays for the fluorimetric determination of 5-hydroxyindoles in brain. Naunyn-Schmiedebergs Arch Pharmacol 279:167-284).

C. Sunol und E. Gelpi (1977) benutzen die kombinierte Gaschromatographie/Massenspektrometrie zur Bestimmung von Serotonin und seinen Metaboliten (Direct gas chromatography/mass spectrometer connection of glass capillary columns for the analysis of serotonin and metabolites by selective ion monitoring. J Chromatogr 142:559-574).

F. Ponzio und G. Jonsson (1979) beschreiben eine Serotonin-Bestimmung mit hochdruckflüssigkeits-chromatographischer Auftrennung und elektrochemischer Oxidation des Serotonins (A rapid and simple method for the determination of picogram levels of serotonin in brain tissue using liquid chromatography with electrochemical detection. J Neurochem 32:129-132).

19. 5-Hydroxyindolessigsäure (5-HIAA) (Gehirn der Ratte)

Curzon G, Green R (1970) Rapid method for the determination of 5-hydroxytryptamine and 5-hydroxyindoleacetic acid in small regions of rat brain. Br J Pharmacol 39:653-655

Vorkommen

Gehirn, Liquor, Urin.

Biologische Bedeutung

Hauptabbauprodukt des Serotonins.

Reaktionsablauf

CH_2-COOH
HO
N
H

5-Hydroxyindolessigsäure

5-HIAA bildet mit o-Phthaldialdehyd einen Komplex, dessen Fluoreszenzstrahlung quantitativ ausgewertet wird.

Material

n-Butanol	(Merck)
n-Heptan	(Merck)
o-Phthaldialdehyd	(Merck)
L-Cystein	(Sigma)
Na-perjodat	(Merck)

Bestimmung

Das Gehirngewebe wird in 10 Vol.T. (w/v) eiskaltem angesäuerten Butanol (s. Anm.2) homogenisiert und 5 min bei 3000 U/min zentrifugiert. 2.5 ml des Überstandes bringt man in ein 14-ml-PPN-Röhrchen (I), das 5 ml n-Heptan und 400 µl 0.1 N HCl (mit 0.1% L-Cystein) enthält, mischt 5 min am Rotator, zentrifugiert ca. 3 min bei 3000 U/min und pipettiert 5 ml der organischen Phase in ein 14 ml-PPN-Röhrchen (II), das 600 µl 500 mM Na-phosphat (pH 7.0) enthält. Man mischt 5 min am Rotator, zentrifugiert ca. 3 min bei 3000 U/min und pipettiert zwei 200 µl-Portionen in zwei 7 ml-PPN-Röhrchen (A und B). Zu A gibt man 20 µl 1% Cystein-Lösung und zu B 20 µl 0.02% Na-perjodat-Lösung, dann setzt man beiden Lösungen je 400 µl konz. HCl zu. Danach gibt man 20 µl o-Phthaldialdehyd-Lösung (s. Anm.3) und 20 µl Na-perjodat-Lösung in Röhrchen A. Nach 30 min setzt man der Lösung B 20 µl L-Cystein-Lösung und 20 µl o-Phthaldialdehyd-Lösung zu, erhitzt 10 min im siedenden Wasserbad, kühlt auf Raumtemperatur ab und mißt die Fluoreszenz bei 470 nm (Anregung bei 360 nm; unkorrigierte Werte).

Anmerkungen

1. Blindwert: Wird in Röhrchen B gemessen.
2. Angesäuertes n-Butanol: 850 µl konz. HCl auf 1 l n-Butanol.
3. o-Phthaldialdehyd-Lösung (täglich frisch bereiten): 10 mg o-Phthaldialdehyd in 10 ml Methanol.
4. L-Cystein-Lösung (täglich frisch bereiten): 1 g L-Cystein auf 100 ml Wasser.

5. 5-HIAA-Standard: täglich frisch bereiten und in Gegenwart von Gewebe bestimmen. Eichkurve mit 0.5, 0.25 und 0.125 nMol aufstellen. 4.8 mg 5-HIAA (MG 191.2)/10 ml Wasser. Verdünnung 1 + 199 mit 500 mM Na-phosphat (pH 7.0): 0.5 nMol/200 µl. 200 µl werden Röhrchen A und B zugesetzt.
6. Empfindlichkeit des Tests: ca. 50 pMol 5-HIAA/Probe (≙ ca. 10 ng).

Pro Person und Arbeitstag können ca. 10 5-HIAA-Bestimmungen (mit Doppelwerten) durchgeführt werden.

Eine weitere fluorimetrische Bestimmung von 5-Hydroxyindolessigsäure (und anderen 5-Hydroxyindolen) im Gehirn ist von C. Atack und M. Lindqvist (1973) beschrieben worden (Conjoint native and orthophthaldialdehydecondensate assays for the fluorimetric determination of 5-hydroxyindoles in brain. Naunyn-Schmiedebergs Arch Pharmacol 279:267-284).

Zur Messung von 5-HIAA im Urin bzw. Liquor cerebrospinalis sind zahlreiche Methoden entwickelt worden:

Photometrie:

Goldenberg H (1973) Specific photometric determination of 5-hydroxyindoleacetic acid in urine. Clin Chem 19:38-44
Yamaguchi Y, Hayashi C (1978) Simple determination of highly urinary excretion of 5-hydroxyindole-3-acetic acid with ferric chloride. Clin Chem 24:149-150

Hochdruckflüssigkeitschromatographie mit fluorimetrischer Bestimmung:

Graffeo A-P, Karger BL (1976) Analysis for indole compounds in urine by high-performance liquid chromatography with fluorimetric detection. Clin Chem 22:184-187
Beck O, Palmskog G, Hultman E (1977) Quantitative determination of 5-hydroxyindole-3-acetic acid in body fluids by high-performance liquid chromatography. Clin Chim Acta 79:149-154

Sephadex-Chromatographie und gaschromatographische Bestimmung:

Melchert H-U, Hoffmeister H (1977) Bestimmung der Urinmetaboliten Hydroxyindolessigsäure, Vanillinmandelsäure und Homovanillinsäure mit lipophiler Gelchromatographie und Gaschromatographie. J Clin Chem Clin Biochem 15:81-87

C.-G. Swahn, B. Sandgärde, F.-A. Wiesel und G. Sedvall (1976) geben eine massenspektrometrische Bestimmung der 5-HIAA (und HVA bzw. MOPEG) im Gehirn, Urin und Liquor an (Simultaneous determination of the three major monoamine metabolites in brain tissue and body fluids by a mass fragmentographic method. Psychopharmacology 48:147-152).

20. Arylamin-N-Acetyltransferase (AAC) (Pinealdrüse der Ratte)

Modifikation der Methode von

Deguchi T, Axelrod J (1972) Sensitive assay for serotonin-N-acetyltransferase acitivity in rat pineal. Anal Biochem 50: 174-179

(Arylamin-N-Acetyltransferase 2.3.1.5)

Vorkommen des Enzyms

Gehirn, Leber.

Substrate

Arylamine: Tryptamin, Serotonin, ß-Phenyläthylamin, Tyramin, Phenyläthanolamin, Octopamin, Mescalin, Amphetamin.

Inhibitoren

Harman, Harmalin, o-Phenantrolin, Aminopterin.

Eigenschaften

Isolierung und Reinigung des Enzyms aus Taubenleber.

Biologische Bedeutung

Pinealdrüse: Enzym der Melatonin-Biosynthese: Bildung von N-Acetylserotonin aus Serotonin.
Übriges Gehirn: ?
Leber: Metabolisierung endogener und exogener Substanzen durch N-Acetylierung.

Reaktionsablauf

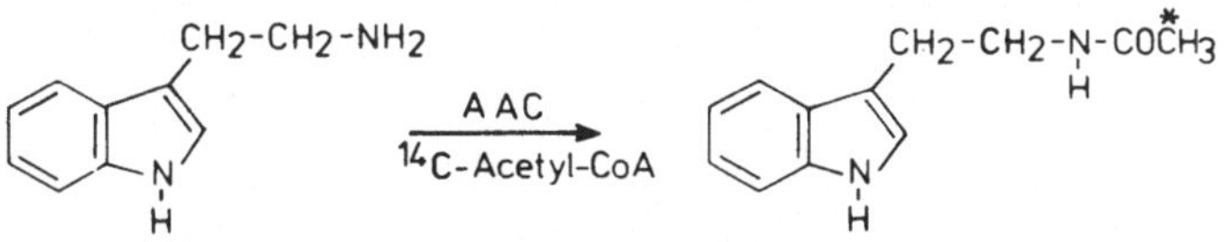

CH_2-CH_2-NH_2 — AAC, ^{14}C-Acetyl-CoA → CH_2-CH_2-N(H)-$CO\overset{*}{C}H_3$

Tryptamin → ^{14}C-N-Acetyltryptamin

Die Arylamin-N-Acetyltransferase (AAC) acetyliert Tryptamin am primären Stickstoff unter Übertragung eines ^{14}C-markierten Acetyls. In alkalischer Lösung bleibt das ^{14}C-Acetyl-Coenzym A (^{14}C-Acetyl-CoA) in der wäßrigen Phase, während das ^{14}C-N-Acetyltryptamin mit Toluol/Isoamylalkohol extrahiert werden kann.

Material

Acetyl-Coenzym A (Acetyl-CoA)	(Boehringer)
(1-^{14}C)-Acetyl-Coenzym A (60 mCi/mMol; 20 nCi/µl) (^{14}C-Acetyl-CoA)	(Amersham-Buchler)
Tryptamin	(Sigma)
Unisolve-100	(Zinsser)

Testansatz (20 µl-Reaktionsgemisch)

			Endkonz.
Tryptamin, 5.6 mM		5 µl	1.4 mM
Homogenat (Gewebe in eiskaltem 50 mM K-Phosphat (pH 6.5) (Homogenisierpuffer) homogenisieren (1:100; w/v))		10 µl	
^{14}C-Acetyl-CoA, s.o.	1 µl		
Acetyl-CoA, 400 µM	2 µl	5 µl	56.5 µM
Wasser	2 µl		

Man startet die Reaktion durch Zugabe des ^{14}C-Acetyl-CoA, inkubiert 10 min bei 37°C im Schüttelwasserbad (4 ml-PPN-Röhrchen) und stoppt mit 100 µl 500 mM Na-borat (pH 10.0). Nach Zugabe von 3.2 ml Toluol/Isoamylalkohol (97:3; v/v) mischt man 10 min am Rotator, zentrifugiert 5 min bei ca. 3000 U/min, trocknet 2.5 ml der Oberphase bei 80°C, gibt zum Rückstand 3 ml Unisolve-100 und zählt im Flüssigkeits-Szintillationsspektrometer.

Falls wenig Gewebe zur Verfügung steht (Stanzproben), empfiehlt sich ein kleineres Inkubationsvolumen. Die Genauigkeit des Tests leidet nur geringfügig unter der Verringerung des Volumens. Folgende Ansätze von Reaktionsgemischen zu 10 bzw. 5 µl sind erprobt worden:

			Endvolumen
Tryptamin, 7 mM		2 µl	
Homogenat		5 µl	10 µl
^{14}C-Acetyl-CoA, s.o.	1 µl		
Acetyl-CoA, 230 µM	1 µl	3 µl	
Wasser	1 µl		
Tryptamin, 7 mM		1 µl	
Homogenat		2 µl	5 µl
^{14}C-Acetyl-CoA, s.o.	0.85 µl		
Homogenisierpuffer	0.5 µl	2 µl	
Wasser	0.65 µl		

Anmerkungen

1. Blindwert:Standard-Homogenat 5 min bei 95°C erhitzen. Man findet ca. 0.6% der eingesetzten Radioaktivität.
2. Tryptamin-Lösung in kleinen Portionen bei -30°C lagern.
3. Acetyl-CoA-Lösung täglich frisch bereiten.

4. Der Umsatz in der Testreaktion sollte zur Einhaltung der Linearität nicht mehr als 25% betragen.
5. Trocknung der Proben ist notwendig. Trockenzeit ca. 16 h. Eine Mindesttrockenzeit von 8 h sollte nicht unterschritten werden.

Pro Person und Arbeitstag können ca. 100 AAC-Bestimmungen (mit Doppelwerten) durchgeführt werden.

21. Hydroxyindol-O-Methyltransferase (HIOMT) (Pinealdrüse der Ratte)

Modifikation der Methode von

Axelrod J, Wurtman RJ, Snyder SH (1965) Control of hydroxyindole O-methyltransferase activity in the rat pineal gland by environmental lighting. J Biol Chem 240:949-954

(Acetylserotonin-Methyltransferase 2.1.1.4)

Vorkommen des Enzyms

Pinealdrüse, Retina.

Substrate

N-Acetylserotonin, Serotonin, N.N-Dimethylserotonin (Bufotenin), 5-Hydroxyindolessigsäure.

Inhibitor

N-Phenylacetyltryptamin.

Eigenschaften

Reinigung des Enzyms aus Rinder-Pinealdrüsen auf DEAE-Sephadex ergibt zwei Banden, von denen die kleinere Einheit ein Molgewicht von ca. 22 000 Dalton hat. Das Enzym benötigt keine divalenten Kationen.

Biologische Bedeutung

Enzym der Melatonin-Biosynthese: Bildung von Melatonin aus N-Acetylserotonin.

Reaktionsablauf

HO–(Indol, N–H)–CH_2-CH_2-N(H)-$COCH_3$ $\xrightarrow[^{14}C\text{-SAM}]{\text{HIOMT}}$ $H_3\overset{*}{C}O$–(Indol, N–H)–CH_2-CH_2-N(H)-$COCH_3$

N-Acetylserotonin $\qquad$ ^{14}C-Melatonin

Die Hydroxylgruppe des N-Acetylserotonins wird durch die HIOMT spezifisch methyliert. Die übertragene Methylgruppe ist ^{14}C-markiert, so daß ^{14}C-Melatonin entsteht. In alkalischer Lösung bleibt das ^{14}C-S-Adenosyl-L-methionin in der wäßrigen Phase, während das ^{14}C-Melatonin mit Toluol extrahiert werden kann.

Material

N-Acetylserotonin	(Sigma)
^{14}C-S-Adenosyl-L-methionin (60 mCi/mMol; 25 nCi/µl) (^{14}C-SAM)	(Amersham-Buchler)
S-Adenosyl-L-methionin (SAM)	(Boehringer)
Unisolve-100	(Zinsser)

Testansatz (20 µl-Reaktionsgemisch)

			Endkonz.
Mix: N-Acetylserotonin, 3 mM	3 µl	5 µl	450 µM
Na-phosphat, 200 mM (pH 7.9)	2 µl		20 mM
Homogenat (Gewebe in 50 mM eiskaltem Na-phosphat (pH 7.9)(Homogenisierpuffer) homogenisieren (1:60; w/v))		10 µl	
^{14}C-SAM, s.o.	1 µl	5 µl	81 µM
SAM, 400 µM	3 µl		
Wasser	1 µl		

Man startet die Reaktion durch Zugabe des ^{14}C-SAM, inkubiert 30 min bei 37°C im Schüttelwasserbad (4 ml-PPN-Röhrchen), stoppt die Reaktion mit 100 µl 500 mM Na-borat (pH 10.0), gibt 20 µl Carrier-Lösung und 3.2 ml Toluol hinzu, mischt 10 min am Rotator und zentrifugiert 5 min bei ca. 3000 U/min. 2.5 ml der Oberphase werden bei 80°C getrocknet; zum Rückstand werden 3 ml Unisolve-100 gegeben. Gezählt wird im Flüssigkeits-Szintillationsspektrometer.

Falls wenig Gewebe zur Verfügung steht (Stanzproben), empfiehlt sich ein kleineres Inkubationsvolumen. Die Genauigkeit des Tests leidet nur wenig unter der Verringerung des Volumens. Folgende Ansätze von Reaktionsgemischen zu 10 bzw. 5 µl sind erprobt worden:

			Endvolumen
Mix: N-Acetylserotonin, 4.5 mM	1 µl	2 µl	
Na-phosphat, 200 mM (pH 7.9)	1 µl		
Homogenat		5 µl	10 µl
^{14}C-SAM, s.o.	1 µl	3 µl	
SAM, 390 µM	1 µl		
Wasser	1 µl		
Mix: N-Acetylserotonin, 4.5 mM	0.5 µl	1 µl	
Na-phosphat, 200 mM (pH 7.9)	0.5 µl		
Homogenat		2 µl	5 µl

^{14}C-SAM, s.o.	1 µl	2 µl
Na-phosphat, 200 mM (pH 7.9)	0.5 µl	
Wasser	0.5 µl	

Anmerkungen

1. Blindwert: Standard-Homogenat 5 min bei 95°C erhitzen. Man findet ca. 0.1% der eingesetzten Radioaktivität.
2. N-Acetylserotonin- und SAM-Lösungen täglich frisch bereiten.
3. Carrier-Lösung: 1 mg Melatonin in 1 ml 25% Äthanol.
4. Trocknung der Proben ist notwendig. Trockenzeit ca. 16 h. Eine Mindesttrockenzeit von 6 h sollte nicht unterschritten werden.
5. Der Umsatz in der Testreaktion sollte zur Einhaltung der Linearität nicht mehr als 20% betragen.

Pro Person und Arbeitstag können ca. 80 HIOMT-Bestimmungen (mit Doppelwerten) durchgeführt werden.

Eine einfachere fluorimetrische Bestimmung der HIOMT-Aktivität wird von O. Suzuki und K. Yagi (1978) angegeben (A nonisotopic assay for acetylserotonin methyltransferase. Anal Biochem 88: 580-586). Das durch die HIOMT gebildete Melatonin reagiert mit o-Phthaldialdehyd zu einer Verbindung, deren Fluoreszenz quantitativ ausgewertet wird.

22. Acetylcholin (ACH)
(Gehirn der Maus)

Goldberg AM, McCaman RE (1973) The determination of picomole amounts of acetylcholine in mammalian brain. J Neurochem 20: 1-8

Vorkommen

Cholinerge Neurone, Serum.

Biologische Bedeutung

Neurotransmitter.

Reaktionsablauf

$$H_3C-\overset{CH_3}{\underset{CH_3}{\overset{\oplus}{N}}}-CH_2-CH_2-O-\underset{O}{\underset{\|}{C}}-CH_3 \xrightarrow{CHE} H_3C-\overset{CH_3}{\underset{CH_3}{\overset{\oplus}{N}}}-CH_2-CH_2-OH$$

Acetylcholin → Cholin

$$\xrightarrow[^{32}P-ATP]{Cholinkinase} H_3C-\overset{CH_3}{\underset{CH_3}{\overset{\oplus}{N}}}-CH_2-CH_2-O-\overset{O}{\underset{O}{P^*}}-O^{\ominus}$$

^{32}P- Phosphorylcholin

Acetylcholin und Cholin werden durch Komplexierung mit Na-tetraphenylborat aus dem Gewebe extrahiert. Das Cholin wird mittels teilgereinigter Cholinkinase zu Phosphorylcholin umgesetzt. Das Acetylcholin hydrolysiert man durch Zugabe von Acetylcholinesterase zu Cholin, das in Gegenwart von ^{32}P-Adenosin-5'-triphosphat (^{32}P-ATP) zu ^{32}P-Phosphorylcholin umgewandelt wird. Die Trennung von ^{32}P-Phosphorylcholin und ^{32}P-ATP gelingt an einem Anionenaustauscher.

Material

Heptanon-(3)	(Riedel)
Na-tetraphenylborat	(Riedel)
ATP-di-Na-Salz (ATP)	(Merck)
Acetylcholin-HCl	(Merck)
Cholinkinase	(Sigma)
Acetylcholinesterase (El. Eel)	(Sigma)
γ-(^{32}P)-Adenosin-5'-triphosphat (2-3 Ci/mMol) (^{32}P-ATP)	(Amersham-Buchler)
Ba-acetat	(Riedel)
Dowex 1X 8 (200-400 mesh, Formiat)	(Serva)
Aquasol	(NEN)

Probenvorbereitung

Die Maus wird dekapitiert, das Gehirn sofort entnommen und in eiskaltem 1 N Ameisensäure/Aceton (15:85; v/v) homogenisiert (150 mg Gewebe in 1 ml). Nach Zentrifugation in der Kälte (10 min bei 1000 g) wird der Überstand portionsweise lyophilisiert (Rückstand I). Der Rückstand I wird in 30 µl 10 mM Na-phosphat (pH 6.6) aufgenommen, 50 µl Heptanon-(3) (mit 5 mg/ml Na-tetraphenylborat) zugesetzt, kräftig gemixt und 5 min bei 1000 g zentrifugiert. 40 µl der organischen Phase gibt man zu 40 µl 0.4 N HCl, mixt kräftig, zentrifugiert kurz und saugt die Oberphase ab. 30 µl der wäßrigen Phase werden in Sarstedt-Röhrchen Nr. 72.690 lyophilisiert (Rückstand II).

Acetylcholin-Bestimmung

				Endkonz.
Mix I:	Na-phosphat, 125 mM (pH 8.0)	4 µl	10 µl	50 mM
	ATP, 5 mM	2 µl		1 mM
	$MgCl_2$, 25 mM	2 µl		5 mM
	Cholinkinase	2 µl		

Man gibt den Mix I zum Rückstand II, inkubiert 15 min bei 37°C im Schüttelwasserbad, stellt die Röhrchen in Eis, setzt 2 µl Mix II zu

Mix II: ^{32}P-ATP (ca. 1 000 000 cpm) 20 µM
Acetylcholinesterase (in 50 mM
Na-phosphat (pH 8.0))

und inkubiert weitere 15 min bei 37°C. Man stellt die Röhrchen in Eis, gibt 10 µl 0.3 M Ba-acetat hinzu, mixt kräftig und zentrifugiert in der Kälte (15 min bei 1000 g). 15 µl des Überstandes werden in eine Sarstedt-Pipettenspitze gebracht (gefüllt mit 2 ml einer wäßrigen 1:1-Suspension (v/v) von Dowex 1 X 8; ca. 2 cm hoch, s. Anm.4). Man eluiert mit 500 µl Wasser, dann mit 3 × 400 µl 75 mM Ammoniumformiat direkt in ein Zählgläschen, gibt 12 ml Aquasol hinzu und zählt im Flüssigkeits-Szintillationsspektrometer.

Anmerkungen

1. Blindwert: Inkubation von 1 µl Wasser mit Mix I und Aufarbeitung wie oben beschrieben. Man findet ca. 0.03% der eingesetzten Radioaktivität.
2. Eine möglichst rasche Dekapitation, Entnahme des Gehirns und Homogenisation ist von größter Wichtigkeit.
3. Acetylcholin-Standard: täglich frisch bereiten und in Gegenwart von Gewebe bestimmen. 36.34 mg ACH-HCl (MG 181.7)/100 ml Wasser. Verdünnung 1 + 99 mit 1 N Ameisensäure/Aceton (15:85; v/v): 200 pMol/10 µl. Eichkurve mit 200, 100, 50 und 25 pMol aufstellen.
4. Vor dem erstmaligen Gebrauch sind die Dowex-Säulen mit 5 ml Ameisensäure (mit 2 M Ammoniumformiat) und 10 ml Wasser zu waschen. Regenerierung der Säulen kann auf dieselbe Weise erfolgen.
5. Empfindlichkeit des Tests: ca. 3 pMol ACH/Probe (≙ ca. 0.55 ng).

Pro Person und Arbeitstag können ca. 20 ACH-Bestimmungen (mit Doppelwerten) durchgeführt werden.

Eine Verbesserung der oben beschriebenen Methode wurde von R.E. McCaman und J. Stetzler (1977) mitgeteilt (Radiochemical assay for ACH: modifications for sub-picomole measurements. J Neurochem 28:669-671).

Die Anwendung kombinierter Gaschromatographie-Massenspektrometrie für die Acetylcholin-Bestimmung beschreiben D.J. Jenden, L. Choi, R.W. Silverman, J.A. Steinborn, M. Roch und R.A. Booth (1974) (Acetylcholine turnover estimation in brain by gas chromatography/mass spectrometry. Life Sci 14:55-63).

23. Cholinacetyltransferase (CHAC)

Modifikation der Methode von

Schrier BK, Shuster L (1967) A simplified radiochemical assay for choline acetyltransferase. J Neurochem 14:977-985

(Cholinacetyltransferase 2.3.1.6)

Vorkommen des Enzyms

Gehirn, Plazenta, Leber.

Substrate

Cholin und Cholin-ähnliche Aminoalkohole.

Inhibitoren

Nicht bekannt.

Eigenschaften

Das Enzym konnte aus menschlicher Plazenta 65fach angereichert werden. Aktivitätsmaximum zwischen pH 7 und 8 (in Gegenwart von NaCl). NaCl und andere Salze stimulieren das Enzym.

Biologische Bedeutung

Biosynthese des Neurotransmitters Acetylcholin.

Reaktionsablauf

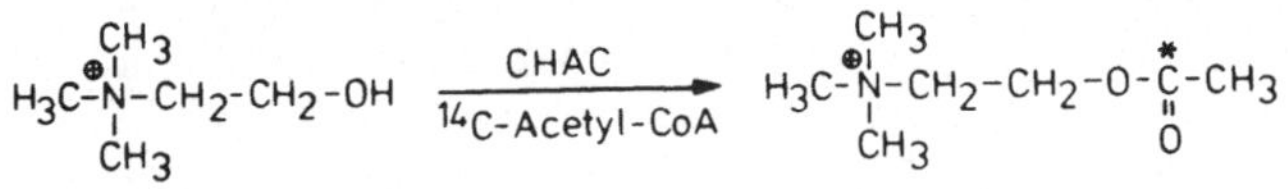

$$H_3C-\overset{\oplus}{N}(CH_3)_2-CH_2-CH_2-OH \xrightarrow[{}^{14}C\text{-Acetyl-CoA}]{CHAC} H_3C-\overset{\oplus}{N}(CH_3)_2-CH_2-CH_2-O-\overset{*}{C}(=O)-CH_3$$

Cholin $\qquad$ ^{14}C-Acetylcholin

Das Enzym Cholinacetyltransferase (CHAC) überträgt ^{14}C-markiertes Acetyl auf das Cholin unter Bildung einer Esterbindung. Bei pH 7.9 bleibt das ^{14}C-Acetyl-Coenzym A an einen Anionenaustauscher gebunden, während das gesamte ^{14}C-Acetylcholin mit Wasser eluiert werden kann.

Material

Cholin-hydrochlorid	(Merck)
(1-^{14}C)-Acetyl-Coenzym A (60 mCi/mMol; 20 nCi/µl) (^{14}C-Acetyl-CoA)	(Amersham-Buchler)
Acetyl-Coenzym A (Acetyl-CoA)	(Boehringer)
Eserinsulfat	(Sigma)
Dowex 1 X 4 (200-400 mesh, Cl^-)	(Serva)
Acetylcholin	(Merck)
Na-dodecylsulfat	(Biomol)
Triton X-100	(Serva)
Unisolve-100	(Zinsser)

Testansatz (20 µl-Reaktionsgemisch)

			Endkonz.
Cholin-hydrochlorid, 1 M		5 µl	250 mM
Homogenat (Gewebe in eiskaltem Homogenisierpuffer (s. Anm.2) homogenisieren (1:30; w/v))		10 µl	
Mix: ^{14}C-Acetyl-CoA, s.o.	1 µl		
Acetyl-CoA, 4 mM	2 µl	5 µl	417 µM
Wasser	2 µl		

Man startet die Reaktion durch Zugabe des Mixes, inkubiert 20 min bei 37°C im Schüttelwasserbad (4 ml-PPN-Röhrchen), stoppt mit 250 µl Stopplösung und bringt den Inhalt des Röhrchens in eine Sarstedt-Pipettenspitze (gefüllt mit 2.5 ml einer wäßrigen 1:1-Suspension (v/v) von Dowex 1 X 4; ca. 3 cm hoch). Der Durchlauf wird verworfen, das Röhrchen mit 300 µl Wasser nachgespült; die Spülflüssigkeit wird auf die Säule gebracht, die Säule mit weiteren 2 × 500 µl Wasser eluiert und das gesamte Eluat (1.3 ml!) nach Zugabe von 6 ml Unisolve-100 im Flüssigkeits-Szintillationsspektrometer gezählt.

Falls wenig Gewebe zur Verfügung steht (Stanzproben), empfiehlt sich ein kleineres Inkubationsvolumen. Die Genauigkeit des Tests leidet nur geringfügig unter der Verringerung des Volumens. Folgende Ansätze von Reaktionsgemischen zu 10, 5 bzw. 2.5 µl sind erprobt worden:

			Endvolumen
Cholin-HCl, 1.25 M		2 µl	
Homogenat		5 µl	10 µl
Mix: ^{14}C-Acetyl-CoA, s.o.	1 µl		
Acetyl-CoA, 3.8 mM	1 µl	3 µl	
Wasser	1 µl		
Cholin-HCl, 1.25 M		1 µl	
Homogenat		2 µl	5 µl
Mix: ^{14}C-Acetyl-CoA, s.o.	1 µl		
Acetyl-CoA, 3.5 mM	0.5 µl	2 µl	
Homogenisierpuffer	0.5 µl		
Cholin-HCl, 1.25 M		0.5 µl	
Homogenat		1 µl	2.5 µl
Mix: ^{14}C-Acetyl-CoA, s.o.	0.6 µl		
Acetyl-CoA, 5.6 mM	0.15 µl	1 µl	
Homogenisierpuffer	0.25 µl		

Anmerkungen

1. Blindwert: Standard-Homogenat 5 min bei 95°C erhitzen. Man findet ca. 1% der eingesetzten Radioaktivität.
2. Homogenisierpuffer: A { NaCl, 600 mM; Na-Phosphat, 100 mM (pH 7.5); EGTA, 1 mM; Triton X-100 (1 Vol.%) }

B {Eserinsulfat, 30 mM
Dithiothreitol, 400 mM

Lösung A ist längere Zeit bei 2-4°C haltbar. Lösung B ist täglich frisch zu bereiten. Die Lösungen A und B sind unmittelbar vor Gebrauch im Verhältnis 100:1 (v/v) zu mischen.

3. Stopplösung: Acetylcholin, 10 mM (pH 7.9)
   Na-phosphat, 200 mM
   Na-dodecylsulfat (1 Vol.%)
4. Acetyl-CoA-Lösungen täglich frisch bereiten.
5. Bestimmung der Ausbeute mit ^{14}C-Acetylcholin: Ausbeute: nahezu 100% des ^{14}C-Acetylcholins.

Pro Person und Arbeitstag können ca. 100 CHAC-Bestimmungen (mit Doppelwerten) durchgeführt werden.

Eine zeitsparende radiochemische Methode zur Messung der CHAC-Aktivität, die nach dem oben angegebenen Prinzip arbeitet, ist von F. Fonnum (1975) beschrieben worden (A rapid radiochemical method for the determination of choline acetyltransferase. J Neurochem 24:407-409).

Z. Grubic, T. Kiauta und M. Brzin (1976) trennen Ausgangs- und Endprodukt der Reaktion mittels Dünnschicht-Chromatographie (A radiometric method for the determination of choline acetylase activity based on thin-layer chromatography. Anal Biochem 74: 354-358).

Eine weniger empfindliche fluorimetrische CHAC-Bestimmung, die vor allem bei der Reinigung des Enzyms anwendbar sein soll, ist bei L.B. Hersh, B. Coe und L. Casey (1978) zu finden (A fluorometric assay for choline acetyltransferase and its use in the purification of the enzyme from human placenta. J Neurochem 30: 1077-1085).

L.-P. Chao (1978) gibt eine einfache Bestimmung der CHAC-Aktivität an. Hier wird die Menge des in der Reaktion gebildeten Coenzym A spektrophotometrisch bestimmt (Anal Biochem 85:20-24).

24. Acetylcholinesterase (CHE)

Modifikation der Methode von

Wilson SH, Schrier BK, Farber JL, Thompson EJ, Rosenberg RN, Blume AJ, Nirenberg MW (1972) Markers for gene expression in cultured cells from the nervous system. J Biol Chem 247: 3159-3169

(Acetylcholinesterase 3.1.1.7)

Vorkommen des Enzyms

Gehirn, Neurone, Muskel, Lunge, Erythrozyten. Die Cholinesterase des Serums hydrolysiert eine Vielzahl von Estern des Cholins aber auch anderer Basen.

Substrat

Acetylcholin.

Inhibitoren

Eserin, Neostigmin, Pyridostigmin, Polyalkylphosphate wie Fluostigmin und Nitrostigmin.

Eigenschaften

Reinigung und Kristallisation des Enzyms aus Electrophorus electricus. MG ca. 250 000 Dalton. Homogen in der Disk-Elektrophorese.

Biologische Bedeutung

Hydrolyse des Acetylcholins zu Cholin und Acetat.

Reaktionsablauf

$$H_3C-\overset{\oplus}{N}(CH_3)_2-CH_2-CH_2-O-\overset{*}{C}(=O)-CH_3 \xrightarrow{CHE} H_3C-\overset{\oplus}{N}(CH_3)_2-CH_2-CH_2-OH$$

^{14}C-Acetylcholin → Cholin + ^{14}C-Acetat

Die Esterbindung des ^{14}C-Acetylcholins wird durch die Acetylcholinesterase hydrolysiert. Das gebildete ^{14}C-Acetat wird von nicht umgesetztem ^{14}C-Acetylcholin an einem Kationenaustauscher getrennt. ^{14}C-Acetylcholin bleibt bei pH 6.8 an den Austauscher gebunden, während sich das ^{14}C-Acetat mit Wasser eluieren läßt.

Material

Acetylcholin-HCl	(Merck)
(1-^{14}C)-Acetylcholin-hydrochlorid (18 mCi/mMol; 100 nCi/µl)	(Amersham-Buchler)
Eserinsulfat	(Sigma)
Triton X-100	(Serva)
Dowex 50 W X 8 (100-200 mesh, Na^+)	(Serva)
Unisolve-100	(Zinsser)

Testansatz (20 µl-Reaktionsgemisch)

Homogenat (Gewebe in eiskaltem 50 mM K-phosphat (mit 1 mM EDTA und 1 Vol.% Triton X-100)(pH 6.8)(Homogenisierpuffer) homogenisieren (1:1000; w/v))	10 µl

Mix:				Endkonz.
	^{14}C-Acetylcholin, s.o.	0.5 µl	10 µl	2 mM
	Acetylcholin-HCl, 40 mM	1.0 µl		
	NaCl, 1 M	4.0 µl		
	Wasser	4.5 µl		200 mM

Man startet die Reaktion durch Zugabe des Mixes, inkubiert 20 min bei 37°C im Schüttelwasserbad (4 ml-PPN-Röhrchen), stoppt mit 1 ml eiskalter 200 µM Eserinsulfat-Lösung und gibt den Inhalt des Röhrchens in eine Sarstedt-Pipettenspitze (gefüllt mit 2 ml einer wäßrigen 1:1-Suspension (v/v) von Dowex 50 W X 8; ca. 3 cm hoch). Man spült das Röhrchen mit 1 ml kaltem Wasser, gibt den Inhalt auf die Säule und eluiert mit 2 × 1 ml kaltem Wasser. Der Durchlauf und das Eluat (insgesamt 4 ml!) werden direkt in ein Zählgläschen gebracht und nach Zugabe von 5 ml Unisolve-100 im Flüssigkeits-Szintillationsspektrometer gezählt.

Falls sehr wenig Gewebe zur Verfügung steht (Stanzproben), empfiehlt sich ein kleineres Inkubationsvolumen. Die Genauigkeit des Tests leidet nur geringfügig unter der Verringerung des Volumens. Folgende Ansätze von Reaktionsgemischen zu 10 bzw. 5 µl sind erprobt worden:

				Endvolumen
Homogenat			5 µl	10 µl
Mix (wie oben)			5 µl	
Homogenat			2 µl	
Mix:	^{14}C-Acetylcholin	0.25 µl	3 µl	5 µl
	Acetylcholin-HCl, 40 mM	0.25 µl		
	NaCl, 1 M	1.0 µl		
	Homogenisierpuffer	0.5 µl		
	Wasser	1.0 µl		

Anmerkungen

1. Blindwert: Standard-Homogenat 5 min bei 95°C erhitzen. Man findet ca. 0.7% der eingesetzten Radioaktivität.
2. Acetylcholin- und Eserinsulfat-Lösungen täglich frisch bereiten.
3. Die Dowex-Säulen lassen sich durch Waschen mit 4 ml 1 N NaOH und 10 ml Wasser regenerieren.
4. Das ^{14}C-Acetat läßt sich zu fast 100% mit Wasser eluieren.
5. Der Umsatz in der Testreaktion sollte zur Einhaltung der Linearität nicht mehr als 25% betragen.

Pro Person und Arbeitstag können ca. 100 CHE-Bestimmungen (mit Doppelwerten) durchgeführt werden.

Eine Alternativmethode zur CHE-Bestimmung im Mikromaßstab findet sich bei D.B. Hoover, J. Kosa, B.L. Colasanti und C.R. Craig (1976) (A modified assay for cholinesterase. Microchem J 21: 267-271). Die Trennung von radioaktivem Substrat (^{14}C-ACH) und Endprodukt (^{14}C-Acetat) gelingt durch Extraktion mit Na-tetraphenylborat/Heptanon-(3), in dem das Acetylcholin gut löslich ist.

25. L-Glutaminsäuredecarboxylase (GAD) (optimiert für Striatum der Ratte)

Modifikation der Methode von

Zivin JA, Reid JL, Tappaz ML, Kopin IJ (1976) Quantitative localization of tyrosine hydroxylase, dopamine-β-hydroxylase, phenylethanolamine-N-methyltransferase, and glutamic acid decarboxylase in spinal cord. Brain Res 105:151-156

(Glutamatdecarboxylase 4.1.1.15)

Vorkommen des Enzyms

Gehirn, Niere, Nebenniere.

Substrate

Alle 20 natürlich vorkommenden Aminosäuren.

Inhibitoren

Aminooxyessigsäure, Hydroxylamin, Penicillamin, 2-Mercaptopropionsäure, D-Glutaminsäure.

Eigenschaften

Isolierung und Anreicherung aus Mäusegehirn. Das Enzym benötigt Pyridoxalphosphat als Cofaktor. Stabilisiert wird es durch reduzierende Substanzen. Halogenid-Ionen inhibieren das Enzym.

Biologische Bedeutung

Bildung von γ-Aminobuttersäure aus L-Glutaminsäure.

Reaktionsablauf

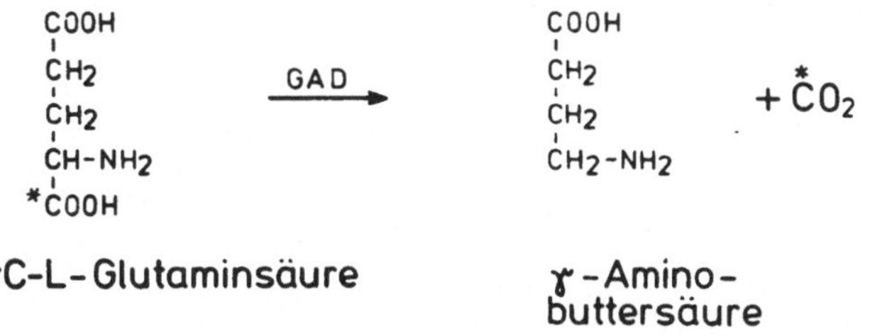

$$\begin{array}{l} COOH \\ | \\ CH_2 \\ | \\ CH_2 \\ | \\ CH\text{-}NH_2 \\ | \\ {}^{*}COOH \end{array} \xrightarrow{GAD} \begin{array}{l} COOH \\ | \\ CH_2 \\ | \\ CH_2 \\ | \\ CH_2\text{-}NH_2 \end{array} + \overset{*}{C}O_2$$

^{14}C-L-Glutaminsäure γ-Aminobuttersäure

Die Glutaminsäuredecarboxylase (GAD) decarboxyliert L-Glutaminsäure, deren eines Carboxyl-C-Atom radioaktiv markiert ist. Cofaktor ist Pyridoxalphosphat. Das abgespaltene radioaktive CO_2 wird durch die auf dem Filter befindliche starke organische Base absorbiert.

Material

Pyridoxalphosphat	(Sigma)
^{14}C-(Carboxyl)-L-Glutaminsäure (^{14}C-Glu) (50 mCi/mMol; 50 nCi/µl)	(Amersham-Buchler)
L-Glutaminsäure	(Sigma)
2-Aminoäthyl-isothiuroniumbromid	(Sigma)
NCS-Solubilizer	(Amersham-Searle)
Filterpapier Nr.2316	(Schleicher & Schüll)
Triton X-100	(Serva)

Testansatz (40 µl-Reaktionsgemisch)

			Endkonz.
Mix: K-phosphat, 100 mM (mit 400 mM Pyridoxalphosphat frisch bereitet)	10 µl	20 µl	25 mM
L-Glutaminsäure, 30 mM	8 µl		6 mM
^{14}C-Glu, s.o.	2 µl		
Homogenat (Gewebe in eiskaltem 100 mM K-phosphat (pH 6.4) mit 0.25 Vol.% Triton X-100 und 1 mM 2-Aminoäthyl-isothiuroniumbromid) (Homogenisierpuffer) homogenisieren (1:50; w/v)		20 µl	

Man inkubiert 20 min bei 37°C im Schüttelwasserbad (Spezialröhrchen zur CO_2-Absorption), stoppt die Reaktion mit 150 µl 50% Schwefelsäure (durch Schwenkung des Röhrchens) und läßt die Röhrchen weitere 90 min im Wasserbad. Zählen des Filterpapiers (ohne zu trocknen) mit 10 ml Toluol mit 0.4% PPO im Flüssigkeits-Szintillationsspektrometer.

Falls wenig Gewebe zur Verfügung steht (Stanzproben), empfiehlt sich ein kleineres Inkubationsvolumen. Die Genauigkeit des Tests leidet jedoch unter der Verringerung des Volumens. Sorgfältiges Arbeiten ist hierbei von größter Wichtigkeit. Folgende Ansätze von Reaktionsgemischen zu 20 bzw. 10 µl sind erprobt worden:

		Endvolumen
Mix (wie oben)	10 µl	20 µl
Homogenat	10 µl	
Mix (wie oben)	5 µl	10 µl
Homogenat	5 µl	

Anmerkungen

1. Blindwert: Standard-Homogenat 5 min bei 95°C erhitzen. Man findet ca. 250 cpm bei einem Inkubationsvolumen von 20 µl.
2. Homogenisierpuffer mit 2-Aminoäthyl-isothiuroniumbromid täglich frisch bereiten.

3. Präparation des Filterpapiers: 75 µl NCS-Solubilizer auftropfen und eben antrocknen lassen.
4. Der Umsatz in der Testreaktion sollte zur Einhaltung der Linearität nicht mehr als 20% betragen.
5. Aquasol, Unisolve und ähnliche Szintillatoren nicht verwenden!

Pro Person und Arbeitstag können ca. 20 GAD-Bestimmungen (mit Doppelwerten) durchgeführt werden.

Eine weniger aufwendige Methode für die Bestimmung der GAD-Aktivität beschreiben O. Chude und J.-Y. Wu (1976) (A rapid method for assaying enzymes whose substrates and products differ by charge. Application to brain L-glutamate decarboxylase. J Neurochem 27:83-86).

A.W. Wood, M.E. McCrea und J.E. Seegmiller (1972) geben eine radiochemische GAD-Bestimmung an, in der die Bestandteile des Reaktionsgemisches an Cellulose-Folien getrennt werden (Radiochemical assay for glutaminase and glutamic acid decarboxylase. Anal Biochem 48:581-587).

26. γ-Aminobuttersäure (GABA) (Gehirn)

Okada Y, Nitsch-Hassler C, Kim JS, Bak IJ, Hassler R (1971) Role of γ-aminobutric acid (GABA) in the extrapyramidal motor system. 1. Regional distribution of GABA in rabbit, rat, guinea pig and baboon CNS. Exp Brain Res 13:514-518

Vorkommen

Bei Säugern im Zentralnervensystem.

Biologische Bedeutung

Neurotransmitter?

Reaktionsablauf

$$\underset{\text{GABA}}{\begin{array}{c} CH_2-NH_2 \\ | \\ CH_2 \\ | \\ CH_2 \\ | \\ COOH \end{array}} \xrightarrow{\text{GABA-T}} \underset{\text{Semisuccinaldehyd}}{\begin{array}{c} CHO \\ | \\ CH_2 \\ | \\ CH_2 \\ | \\ COOH \end{array}} \xrightarrow{\text{SSAD}} \underset{\text{Bernsteinsäure}}{\begin{array}{c} COOH \\ | \\ CH_2 \\ | \\ CH_2 \\ | \\ COOH \end{array}}$$

GABA — Semisuccinaldehyd — Bernsteinsäure

Das Enzym GABA-Transaminase (GABA-T) überträgt die Aminogruppe der GABA auf α-Ketoglutarat, während aus GABA Semisuccinaldehyd entsteht. In einer Folgereaktion wird der Semisuccinaldehyd durch das Enzym Semisuccinaldehyddehydrogenase (SSAD) zu Bernsteinsäure oxidiert. Wasserstoffakzeptor ist $NADP^+$. Die Fluoreszenz des in dieser Reaktion gebildeten NADPH ist der GABA-Konzentration direkt proportional.

Material

α-Ketoglutarsäure	(Boehringer)
$NADP^+$	(Boehringer)
NADPH	(Boehringer)
2-Mercaptoäthanol	(Fluka)
GABAse (enthält GABA-Transaminase und Semisuccinaldehyddehydrogenase)	(Sigma)
γ-Aminobuttersäure (GABA)	(Serva)

Testansatz (100 µl-Reaktionsgemisch)

				Endkonz.
Gewebeextrakt (Gewebe in eiskalter 0.5 N $HClO_4$ (mit 1 mM EDTA) homogenisieren (1:30-1:50; w/v), dann 15 min bei ca. 5000 g zentrifugieren, den Überstand mit $KHCO_3$ neutralisieren und erneut zentrifugieren. Im Überstand wird GABA bestimmt)			20 µl	
Mix:	Tris-HCl, 500 mM (pH 8.9)	20 µl	80 µl	100 mM
	α-Ketoglutarsäure, 16 mM	20 µl		3.2 mM
	$NADP^+$, 2.5 mM	20 µl		500 µM
	2-Mercaptoäthanol, 80 mM	10 µl		8 mM
	GABAse	10 µl		

Man startet die Reaktion durch Zugabe des Mixes, inkubiert 45 min bei 26°C im Schüttelwasserbad (4 ml-PPN-Röhrchen) und erhitzt die Röhrchen 2 min im 95°C heißen Wasserbad. Nach Zugabe von 900 µl 100 mM Tris-HCl (pH 7.6) mißt man die Fluoreszenz bei 450 nm (Anregung bei 350 nm; unkorrigierte Werte).

Anmerkungen

1. Blindwert: GABAse-Lösung 5 min bei 95°C erhitzen.
2. GABA-Standard: täglich frisch bereiten und in Gegenwart von Gewebe bestimmen. 41.2 mg GABA (MG 103.1)/10 ml Wasser. Verdünnung 1 + 99 mit 500 mM Tris-HCl (pH 8.9): 8 nMol/20 µl. Eichkurve mit 8, 4, 2, 1 und 0.5 nMol aufstellen.
3. α-Ketoglutarsäure- und $NADP^+$-Lösungen täglich frisch bereiten.
4. Empfindlichkeit des Tests: ca. 0.5 nMol/20 µl (≙ ca. 50 ng).

Pro Person und Arbeitstag können ca. 20 GABA-Bestimmungen (mit Doppelwerten) durchgeführt werden.

Ein einfaches Verfahren zur GABA-Bestimmung wurde von R.P. Sandman (1962) entwickelt (The determination of gamma-aminobutyric acid in brain. Anal Biochem 3:158-163): Weitgehende Abtrennung der γ-Aminobuttersäure von anderen Aminosäuren an Ionenaustauscher-Harzen mit nachfolgender Ninhydrin-Reaktion.

S.R. Snodgrass und L.L. Iversen (1973) (A sensitive double isotope derivative assay to measure release of amino acids from brain in vitro. Nature New Biol 241:154-156) wenden eine Doppel-Isotopenmethode an: Umsetzung von GABA mit ^{3}H-Dansylchlorid (^{14}C-Glutaminsäure als interner Standard), Chromatographie auf Polyamid-Platten und Ermittlung der GABA-Konzentration aus dem ^{3}H-^{14}C-Verhältnis.

S.H. Snyder et al. entwickelten einen Radiorezeptor-Bindetest als Grundlage der GABA-Bestimmung:

Enna SJ, Snyder SH (1976) A simple, sensitive and specific radioreceptor assay for endogenous GABA in brain tissue. J Neurochem 26:221-224

Enna SJ, Wood JH, Snyder SH (1977) γ-Aminobutyric acid (GABA) in human cerebrospinal fluid: radioreceptor assay. J Neurochem 28:1121-1124

Eine massenfragmentarische GABA-Bestimmung wurde von F. Cattabeni, C.L. Galli und T. Eros (1976) beschrieben (A simple and highly sensitive mass fragmentographic procedure for γ-aminobutyric acid determinations. Anal Biochem 72:1-7).

27. 4-Aminobutyrat-2-Ketoglutarat-Transaminase (GABA-T) (Gehirn)

White HL, Sato TL (1978) GABA-Transaminase of human brain and peripheral tissues - kinetic and molecular properties. J Neurochem 31:41-47

(Aminobutyrat-aminotransferase 2.6.1.19)

Vorkommen des Enzyms

Gehirn, Leber, Niere.

Substrat

α-Ketoglutarsäure für Enzympräparationen aus Säugerorganismen.

Inhibitoren

Hydroxylamin, Aminooxyessigsäure, Cycloserin.

Eigenschaften

Isolierung und Reinigung des Enzyms aus Mäuse-Gehirn durch Chromatographie an Carboxymethylcellulose. Das pH-Optimum liegt bei 7.9. Das Enzym benötigt Pyridoxalphosphat als Cofaktor.

Biologische Bedeutung

Der Hauptabbauweg der γ-Aminobuttersäure (GABA) verläuft über die Transaminierung zu Semisuccinaldehyd.

Reaktionsablauf

CH_2–NH_2		CHO		COOH
CH_2	GABA-T →	CH_2	SSAD →	CH_2
CH_2		CH_2		CH_2
*COOH		*COOH		*COOH
^{14}C-GABA		^{14}C-Semi-Succinaldehyd		^{14}C-Bernsteinsäure

^{14}C-GABA wird durch das transaminierende Enzym GABA-T zu ^{14}C-Semisuccinaldehyd umgewandelt. Endogene Semisuccinaldehydehydrogenase (SSAD) oxidiert den ^{14}C-Succinsemialdehyd zum größten Teil zu ^{14}C-Bernsteinsäure. ^{14}C-GABA wird an einen Kationenaustauscher gebunden, während ^{14}C-Semisuccinaldehyd und ^{14}C-Bernsteinsäure mit Wasser eluiert werden können.

Material

γ-(1-^{14}C)-Aminobuttersäure (60 mCi/mMol) (^{14}C-GABA)	(NEN)
γ-Aminobuttersäure (GABA)	(Serva)
α-Ketoglutarsäure	(Boehringer)
Pyridoxalphosphat	(Sigma)
Dowex 50 W X 8 (100-200 mesh, H^+)	(Serva)
Unisolve-100	(Zinsser)

Testansatz (50 µl-Reaktionsgemisch)

			Endkonz.
K-phosphat, 500 mM (pH 8.0)		10 µl	
^{14}C-GABA	1 µl	10 µl	ca. 200 µM
Wasser	4 µl		
GABA, 2 mM	5 µl		
Mix: α-Ketoglutarsäure, 2 mM	5 µl	20 µl	200 µM
Dithiothreitol, 100 µM	5 µl		10 µM
EDTA, 500 µM	5 µl		50 µM
Pyridoxalphosphat, 200 µM	5 µl		20 µM
Homogenat (Gewebe in eiskaltem Homogenisierpuffer (s. Anm.3) homogenisieren (1:10; w/v), dann 10 min bei 1000 g zentrifugieren und den Überstand 10 min bei 10 000 g zentrifugieren. Den Bodensatz nimmt man in Homogenisierpuffer auf und bestimmt in dieser Lösung die Enzymaktivität)		10 µl	

Man startet die Reaktion durch Zugabe des Homogenates, inkubiert 30 min bei 37°C im Schüttelwasserbad (4 ml-PPN-Röhrchen), stoppt mit 10 µl 2 N HCl, fügt 500 µl Wasser hinzu und gibt den Inhalt des Röhrchens in eine Sarstedt-Pipettenspitze (gefüllt mit 2 ml einer wäßrigen 1:1-Suspension (v/v) von Dowex W X 8; ca. 3 cm hoch). Man spült das Röhrchen mit 500 µl Wasser, gibt den Inhalt auf die Säule und spült die Säule mit 1 ml Wasser nach. Der Durchlauf und das Eluat (insgesamt ca. 2 ml) werden direkt in ein Zählgläschen gebracht und nach Zugabe von 6 ml Unisolve-100 im Flüssigkeits-Szintillationsspektrometer gezählt.

Falls wenig Gewebe zur Verfügung steht (Stanzproben), empfiehlt sich ein kleineres Inkubationsvolumen. Die Genauigkeit des Tests leidet nur geringfügig unter der Verringerung des Volumens. Folgender Ansatz mit 25 µl-Reaktionsgemisch ist erprobt worden:

K-phosphat, 500 mM (pH 8.0)		5 µl
^{14}C-GABA	0.5 µl	
Wasser	2.0 µl	5 µl
GABA, 2 mM	2.5 µl	
Mix (wie oben)		10 µl
Homogenat		5 µl

Anmerkungen

1. Blindwert: Wasser anstelle der α-Ketoglutarsäure.
2. α-Ketoglutarsäure-, Dithiothreitol- und Pyridoxalphosphat-Lösungen täglich frisch bereiten.
3. Homogenisierpuffer:

K-phosphat (pH 8.0)	200 mM
Dithiothreitol	500 µM
EDTA	100 µM
Pyridoxalphosphat	40 µM
Triton X-100	0.2 Vol.%

4. Der Umsatz in der Testreaktion sollte zur Einhaltung der Linearität nicht mehr als 10% betragen.

Pro Person und Arbeitstag können ca. 50 GABA-T-Bestimmungen (mit Doppelwerten) durchgeführt werden.

Eine fluorimetrische Bestimmung der GABA-T-Aktivität ist von Th. De Boer und J. Bruinvels (1977) beschrieben worden (Assay and properties of 4-aminobutyric-2-oxoglutaric acid transaminase and succinic semialdehyde dehydrogenase in rat brain tissue. J Neurochem 28:471-478).

28. Histamin

Kobayashi Y, Maudsley DV (1972) A single-isotope enzyme assay for histamine. Anal Biochem 46:85-90

Vorkommen

Gehirn, Lunge, Haut, Mastzelle.

Biologische Bedeutung

Neurotransmitter?

Reaktionsablauf

$$\text{Histamin} \xrightarrow[\ ^{14}C\text{-SAM}]{\text{HMT}} \ ^{14}C\text{-N-Methylhistamin}$$

Histamin | ^{14}C-N-Methylhistamin

Das Enzym Histamin-N-Methyltransferase (HMT) methyliert Histamin spezifisch am sekundären Stickstoff. Die übertragene Methylgruppe ist Tritium-markiert, so daß ^{3}H-N-Methylhistamin entsteht. In alkalischer Lösung bleibt das ^{3}H-S-Adenosyl-L-methionin (^{3}H-SAM) in der wäßrigen Phase, während das ^{3}H-N-Methylhistamin mit Chloroform extrahiert werden kann.

Material

Histamin	(Sigma)
^{3}H-S-Adenosyl-L-methionin (12.6 Ci/mMol; 1 µCi/µl) (^{3}H-SAM)	(Amersham-Buchler)
Chloroform	(Merck)
Unisolve-100	(Zinsser)

Testansatz (100 µl-Reaktionsgemisch)

Gewebeextrakt (Gewebe in eiskaltem 50 mM Na-phosphat (pH 7.2) homogenisieren (1:20; w/v), 10 min im kochenden Wasserbad erhitzen und 10 min bei 10 000 g zentrifugieren. Im Überstand wird Histamin bestimmt)		20 µl
Na-phosphat, 50 mM (pH 7.2) *oder* Histamin-Standard (s. Anm.2)		20 µl
^{3}H-SAM, s.o.	2 µl	40 µl
Wasser	38 µl	
HMT (s. Anm.3)		20 µl

Man startet die Reaktion durch Zugabe des Enzyms, inkubiert 30 min bei 37°C im Schüttelwasserbad (14 ml-PPN-Röhrchen) und stoppt mit 100 µl 2 N NaOH (mit NaCl gesättigt). Nach Zugabe von 6 ml Chloroform mischt man 10 min am Rotator, zentrifugiert 5 min bei ca. 3000 U/min, saugt die wäßrige Phase möglichst vollständig ab, gibt 2 ml 2 N NaOH (mit NaCl gesättigt) hinzu, mischt am Rotator, zentrifugiert und saugt die wäßrige Phase ab. 3 ml der organischen Phase werden bei ca. 40°C unter einem Stickstoffstrom zur Trockne eingedampft, der Rückstand mit 3 ml Unisolve-100 aufgenommen und mit Hilfe eines Flüssigkeits-Szintillationsspektrometers gezählt.

Falls wenig Gewebe zur Verfügung steht (Stanzproben), empfiehlt sich ein kleineres Inkubationsvolumen. Die Genauigkeit des Tests leidet nur geringfügig unter der Verringerung des Volumens. Folgende Ansätze zu 50 bzw. 25 µl sind erprobt worden:

Gewebeextrakt		10 µl	oder	5 µl
Na-phosphat, 50 mM (pH 7.2) *oder* Histamin-Standard		10 µl		5 µl
^{3}H-SAM, s.o. Wasser	1 µl 19 µl	20 µl		10 µl
HMT		10 µl		5 µl

Anmerkungen

1. Blindwert: 50 mM Na-phosphat (pH 7.2) anstelle des Gewebeextraktes.
2. Histamin-Standard: täglich frisch bereiten und in Gegenwart von Gewebe bestimmen. 2.22 mg Histamin (MG 111.2)/100 ml Wasser. Verdünnung 1 + 99 mit 50 mM Na-phosphat (pH 7.2): 40 pMol/20 µl. Eichkurve mit 40, 20, 10 und 5 pMol aufstellen.
3. Histamin-N-Methyltransferase aus Meerschweinchen-Gehirn (J Pharmacol Exp Ther (1966) 153:544-549).
4. Empfindlichkeit des Tests: ca. 0.5 pMol/5 µl (≙ ca. 50 pg).

Pro Person und Arbeitstag können ca. 50 Histamin-Bestimmungen (mit Doppelwerten) durchgeführt werden.

Eine weitere radioenzymatische Histamin-Bestimmung, die auf demselben Prinzip beruht, ist von M.A. Beaven, S. Jacobsen und Z. Horakova (1972) beschrieben worden (Modification of the enzymatic isotopic assay of histamine and its application to measurement of histamine in tissues, serum and urine. Clin Chim Acta 37:91-103).

Die fluorimetrische Methode von P.A. Shore, A. Burkhalter und V.H. Cohn Jr. (1959) (J Pharmacol Exp Ther 127:182-186) ist nur wenig empfindlich.

29. Histamin-N-Methyltransferase (HMT) (Gehirn)

Taylor KM, Snyder SH (1972) Isotopic microassay of histamine, histidine, histidine decarboxylase and histamine methyltransferase in brain tissue. J Neurochem 19:1343-1358

(Histamin-N-Methyltransferase 2.1.1.8)

Vorkommen des Enzyms

Weit verbreitet im Säugerorganismus: Gehirn, Leber, Muskel, Herz, Niere, Darm.

Substrat

Histamin.

Inhibitoren

Chinacrin, Chlorpromazin, 2-Bromlysergsäurediäthylamid, Serotonin.

Eigenschaften

Isolierung und Reinigung des Enzyms aus Meerschweinchen-Gehirn. Aktivitätsoptimum in Phosphatpuffer zwischen pH 7.2 und 7.4.

Biologische Bedeutung

Die N-Methylierung von Histamin ist der Hauptabbauweg für das Amin. Da Histamin und HMT in der Eminentia mediana und Hypophyse der Ratte nachgewiesen wurden, vermutet man eine Beteiligung von Histamin an der Kontrolle neuroendokriner Funktionen. Unterstützt wird diese Hypothese durch Befunde, daß die Aktivität des Enzyms durch Kastration bzw. Schwangerschaft beeinflußt wird.

Reaktionsablauf

$$\text{Histamin} \xrightarrow[\ ^{3}H\text{-SAM}]{\text{HMT}} {}^{3}H\text{-N-Methylhistamin}$$

Histamin: Imidazolring mit CH_2-CH_2-NH_2, N-H; ^{3}H-N-Methylhistamin: Imidazolring mit CH_2-CH_2-NH_2, N-CH_3^{*}

Histamin wird durch das Enzym Histamin-N-Methyltransferase (HMT) spezifisch am sekundären Stickstoff methyliert. Die übertragene Methylgruppe ist ^{14}C-markiert, so daß ^{14}C-N-Methylhistamin entsteht. In alkalischer Lösung bleibt das ^{14}C-S-Adenosyl-L-methionin (^{14}C-SAM) in der wäßrigen Phase, während das ^{14}C-N-Methylhistamin mit Toluol/Isoamylalkohol ausgeschüttelt werden kann.

Material

Histamin	(Merck)
^{14}C-S-Adenosyl-L-methionin (60 mCi/mMol) (^{14}C-SAM)	(Amersham-Buchler)
S-Adenosyl-L-methionin (SAM)	(Boehringer)
Unisolve-100	(Zinsser)

Testansatz (25 µl-Reaktionsgemisch)

			Endkonz.
Homogenat (Gewebe in eiskaltem 0.01 N Na-phosphat (pH 7.9) homogenisieren (1:5-1:10; w/v), dann 10 min bei 50 000 g zentrifugieren. Im Überstand wird die Enzymaktivität bestimmt)		10 µl	
Mix: Histamin, 250 µM	50 µl	15 µl	10 µM
SAM, 80 mM	5 µl		40 µM
^{14}C-SAM, 100 µM (ca. 50 nCi)	100 µl		
Na-phosphat, 50 mM (pH 7.4)	595 µl		

Man startet die Reaktion durch Zugabe des frisch bereiteten Mixes, inkubiert 15 min bei 37°C im Schüttelwasserbad (Sarstedt-Röhrchen Nr.72.699) und stoppt mit 10 µl 500 mM Na-borat (pH 10.0). Nach Zugabe von 250 µl Toluol/Isoamylalkohol (1:1; v/v) mischt man 10 min am Rotator und zentrifugiert 5 min bei ca. 3000 U/min. 200 µl der Oberphase werden nach Zugabe von 3 ml Unisolve-100 im Flüssigkeits-Szintillations-Spektrometer gezählt.

Anmerkungen

1. Blindwert: Standard Homogenat 5 min bei 95°C erhitzen. Man findet ca. 1% der eingesetzten Radioaktivität.
2. Histamin- und SAM-Lösungen täglich frisch bereiten.
3. Der Umsatz in der Testreaktion sollte zur Einhaltung der Linearität nicht mehr als 10% betragen.

Pro Person und Arbeitstag können ca. 75 HMT-Bestimmungen (mit Doppelwerten) durchgeführt werden.

30. Cyclisches Adenosin-3', 5'-Monophosphat (cAMP) (Gehirn der Ratte)

Gilman AG (1970) A protein binding assay for adenosine 3:5-cyclic monophosphate. Proc Natl Acad Sci USA 67:305-312

Material

Perchlorsäure	(Merck)

Cyclisches (^{14}C)-Adenosin-3',5'-monophosphat (290 mCi/mMol) (^{14}C-cAMP)	(Amersham-Buchler)
PEI-Cellulose-Platten (F 1640 PEI/LS 254)	(Schleicher & Schüll)
Dowex AG 1 X 2 (minus 400 mesh, Cl^-)	(Biorad)
Aquasol	(NEN)

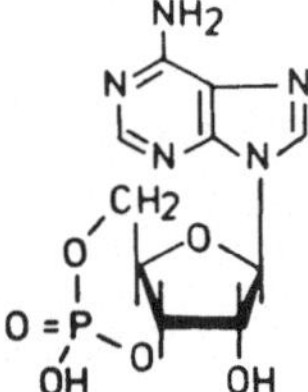

Adenosin-3',5'-monophosphat (cAMP)

Das Rattengehirn wird unmittelbar nach Dekapitieren des Tieres mit 10 Volumina eiskalter 0.4 N Perchlorsäure extrahiert (ein kleiner Anteil für Protein-Bestimmung abgenommen) und der Gewebeextrakt 10 min bei ca. 10 000 g zentrifugiert. Man versetzt 50 µl des Überstandes mit ^{14}C-cAMP (ca. 1500 cpm) und 35 µl 1 M Tris-Base. Den Inhalt des Röhrchens bringt man in eine Sarstedt-Pipettenspitze (gefüllt mit 1.2 ml einer wäßrigen 1:1-Suspension (v/v) von Dowex 1 X 2, ca. 1.5 cm hoch). Man spült das Röhrchen mit 1 ml verd. NaOH (pH 8.0), gießt den Inhalt auf die Säule und wäscht die Säule mit 8 ml verd. NaOH (pH 8.0). Man eluiert die Säule mit 2 ml 0.1 N HCl direkt in ein 7 ml-PPN-Röhrchen, lyophilisiert den Inhalt und nimmt den Rückstand mit 300 µl 50 mM Na-acetat (pH 4.0) auf. 150 µl dieser Lösung zählt man nach Zugabe von 2 ml Aquasol im Flüssigkeits-Szintillationsspektrometer. Mit zweimal 50 µl der Lösung führt man eine cAMP-Doppelbestimmung aus. Erläuterung und Beschreibung bei der ADC-Bestimmung (Bindeprotein-Methode).

Anmerkungen

1. Reinigung des ^{14}C-cAMP
   Chromatographie auf PEI-Cellulose-Platten
   Laufmittel: 0.85 M KH_2PO_4 (pH 3.4)
   Laufzeit: ca. 1 h
   R_f(cAMP): 0.5
   Extraktion des ^{14}C-cAMP mit zweimal 60 µl 50 mM Na-acetat (pH 4.0).
2. Das ^{14}C-cAMP dient zur Bestimmung der Ausbeute. Diese beträgt 90-92% des eingesetzten ^{14}C-cAMP.

Andere Methoden zur cAMP-Bestimmung

Ein sehr empfindlicher Test auf cAMP ist bei R.A. Johnson (1972) beschrieben. In mehreren gekoppelten enzymatischen Reaktionen wird cAMP zu ATP umgewandelt, das in Gegenwart von Sauerstoff mit einer Luciferin-Luciferase-Präparation (aus amerik. Leuchtkäfer) unter Lichtemission reagiert. Eine quantitative Auswertung dieses emittierten Lichtes ist u.a. im Flüssigkeits-Szintillationsspektrometer möglich (The luminescence assay of cyclic AMP. Adv in Cyclic Nucleotide Res 2:81-87).

A. Chiu und D. Eccleston (1977) bestimmen cAMP nach Vorreinigung an Aluminiumoxid und einem Ionenaustauscher durch Hochdruck-Flüssigkeitschromatographie (A high-pressure liquid chromatographic method for measuring 3',5'-cyclic AMP in brain. Anal Biochem 78:148-155).

Eine radioimmunologische cAMP-Bestimmung mit ^{125}J als Radioisotop geben A.L. Steiner, D.M. Kipnis, R. Utiger und C. Parker (1969) an (Radioimmunoassay for the measurement of adenosine 3', 5'-cyclic phosphate. Proc Natl Acad Sci USA 64:367-373).

Ein Radioimmunoassay für cAMP mit dem leichter zu handhabenden Tritium ist bei R.W. Farmer, C.A. Harrington und D.H. Brown (1975) zu finden (A simple radioimmunoassay for 3',5'-cyclic adenosine monophosphate. Anal Biochem 64:455-460).

Über einen noch empfindlicheren radioimmunologischen Test für die gleichzeitige Bestimmung von cAMP und cGMP berichten M. Honma, T. Satoh, J. Takezawa und M. Ui (1977) (An ultrasensitive method for the simultaneous determination of cyclic AMP and cyclic GMP in small-volume samples from blood and tissue. Biochem Med 18: 257-273).

31. Adenylatcyclase (ADC)
(Bindeprotein-Methode, optimiert für Striatum der Ratte)

Modifikation der Methode von

Clement-Cormier YC, Kebabian JW, Petzold GL, Greengard P (1974) Dopamine-sensitive adenylate cyclase in mammalian brain: a possible site of action of antipsychotic drugs. Proc Natl Acad Sci USA 71:1113-1117

(Adenylatcyclase 4.6.1.1)

Vorkommen des Enzyms

In allen bisher untersuchten Geweben von Säugern.

Substrat

Adenosin-5'-triphosphat (ATP).

Eigenschaften

Bestandteil der Plasma-Membranen. Die Adenylatcyclasen verschiedener Organe sind durch verschiedene Hormone stimulierbar. Das Enzym benötigt zweiwertige Kationen: Magnesium, Mangan oder Kobalt.

Biologische Bedeutung

Biosynthese des "second messenger" Cyclo-AMP.

Reaktionsablauf

$$\text{ATP} \xrightarrow[\text{Mg}^{2\oplus}]{\text{ADC}} \text{cAMP} + \text{P-P}$$

Adenosin-5'-triphosphat (ATP) | **Adenosin-3',5'-monophosphat (cAMP)**

Die Adenylatcyclase bildet aus ATP unter Abspaltung von Diphosphat cyclisches 3',5'-Adenosinmonophosphat (cAMP). In einem kompetitiven Bindungstest wird das cAMP gemessen und damit die Aktivität der Adenylatcyclase bestimmt.

Material

Theophyllin	(Sigma)
ATP-di-Na-Salz (ATP)	(Merck)
cAMP	(Merck)
Cyclisches (^{3}H)-Adenosin-3',5'-monophosphat (38 Ci/mMol) (^{3}H-cAMP)	(Amersham-Buchler)
Bindeprotein (s. Anm.2)	(Sigma)
Selectron-Filter BA 85	(Schleicher & Schüll)

Testansatz (200 µl-Reaktionsgemisch)

A. Umsetzung

			Endkonz.
Mix: Theophyllin, 22.8 mM	70 µl	100 µl	8 mM
$MgSO_4$, 320 mM	5 µl		8 mM
Tris-maleat, 640 mM (pH 7.4)	25 µl		80 mM
Homogenat (Gewebe in eiskaltem 2 mM Tris-maleat-2 mM-EGTA-NaOH-Puffer (pH 7.4) (Homogenisierpuffer) homogenisieren (1:60; w/v))		30 µl	
ATP-di-Na-Salz, 15 mM		20 µl	1.5 mM
Wasser		ad 200 µl	

Man startet die Reaktion durch Zugabe des ATP, inkubiert 5 min bei 37°C im Schüttelwasserbad (5 ml-Glasröhrchen) und stoppt die Reaktion durch 2minütiges Erhitzen in siedendem Wasser. Die Eichkurve wird mit je 8, 16, 32, 48 pMol cAMP/30 µl Homogenisierpuffer aufgestellt. Diese Röhrchen werden ebenfalls 5 min bei 37°C inkubiert und 2 min erhitzt.

Falls wenig Gewebe zur Verfügung steht (Stanzproben), empfiehlt sich ein kleineres Inkubationsvolumen. Die Genauigkeit des Tests leidet jedoch etwas unter der Verringerung des Volumens. Folgender Ansatz zu 100 µl-Reaktionsgemisch ist erprobt worden:

Mix (wie oben)	50 µl
Homogenat	15 µl
ATP-di-Na-Salz, 15 mM	10 µl
Wasser	ad 100 µl

Eine Eichkurve wird mit 4, 8, 16, 24 pMol cAMP/15 µl Homogenisierpuffer aufgestellt.

B. Bindetest

Mix: ^{3}H-cAMP (0.8 pMol)	50 µl	100 µl
Na-acetat, 500 mM (pH 4.0)	20 µl	
Wasser	30 µl	
(Inkubiertes) Reaktionsgemisch A		50 µl
Bindeprotein (s. Anm.2)		50 µl

Nach 90 min im Eisbad wird mit 1.2 ml eiskaltem 20 mM K-phosphat (pH 6.0) verdünnt, weitere 3 min im Eisbad stehengelassen, das Gemisch mit der Dilumatik angesaugt (Stellung 350 bei 5 ml-Bürette) und anschließend auf ein Selectron-Filter ausgestoßen und nachgespült (Stellung 4.0 bei 10 ml-Bürette). Mit demselben Volumen 20 mM K-phosphat (pH 6.0) wird das Röhrchen nachgespült. Nach Trocknung der Filter werden diese in Zählgläschen mit 2 ml Toluol mit 0.4% PPO versetzt und im Flüssigkeits-Szintillationsspektrometer gezählt.

Anmerkungen

1. Blindwert: Homogenisierpuffer anstelle des Homogenates: Man findet ca. 50 cpm.
2. 5 mg Bindeprotein und 60 mg Rinderserum-Albumin in 100 ml 5 mM K-phosphat-2 mM K-EDTA (pH 7.0) lösen. Sollte etwa 30% des ^{3}H-cAMP binden; ohne Zusatz von cAMP ca. 4500 cpm. Die Proteinlösung kann ohne nennenswerten Aktivitätsverlust mindestens 6 Monate bei -30°C gelagert werden.
3. Falls die Bestimmung erst später erfolgen soll, können die Röhrchen nach dem Stoppen der Umsetzung durch Erhitzen für einige Tage bei -30°C gelagert werden.
4. Das ^{3}H-cAMP sollte von Zeit zu Zeit dünnschichtchromatographisch bezüglich seiner Reinheit überprüft werden (s. PDE-Bestimmung).

5. cAMP-Standard: 5.26 mg cAMP (MG = 329.2)/10 ml Wasser. Verdünnung 1 + 999 mit Homogenisierpuffer: 48 pMol/30 µl. Die Stammlösung kann in kleinen Portionen bei -30°C ca. 6 Wochen gelagert werden.
6. Der Umsatz in der Testreaktion sollte zur Einhaltung der Linearität nicht mehr als 10% betragen.

Pro Person und Arbeitstag können ca. 50 ACD-Bestimmungen (mit Doppelwerten) durchgeführt werden.

32. Adenylatcyclase (ADC) (α-^{32}P-ATP-Methode)

Modifikation der Methode von

Salomon Y, Londos C, Rodbell M (1974) A highly sensitive adenylate cyclase assay. Anal Biochem 58:541-548

(Adenylatcyclase 4.6.1.1)

Reaktionsablauf

P-P-P*-O-CH2 —ADC, $Mg^{2\oplus}$→ + P-P

Adenosin-5'-[α-^{32}P]-triphosphat (^{32}P-ATP)

Adenosin-3',5'-[^{32}P]-monophosphat (^{32}P-cAMP)

Die Adenylatcyclase bildet aus α-^{32}P-ATP unter Abspaltung von Diphosphat ^{32}P-cAMP. Die Trennung von ^{32}P-ATP gelingt mit Hilfe eines Kationenaustauschers. Cyclisches AMP kann zu 88-90% eluiert werden. Zur Senkung des Blindwertes wird zusätzlich über neutrales Aluminiumoxid filtriert, an das das ATP adsorbiert wird.

Material

Cyclisches (^{3}H)-Adenosin-3',5'-monophosphat (38 Ci/mMol) (^{3}H-cAMP)	(Amersham-Buchler)
α-(^{32}P)-Adenosin-5'-triphosphat (5 Ci/mMol) (^{32}P-ATP)	(Amersham-Buchler)
ATP-di-Na-Salz (ATP)	(Merck)

Creatinphosphat	(Merck)
Creatinkinase	(Boehringer)
Theophyllin	(Sigma)
Cyclisches AMP (cAMP)	(Merck)
Dowex 50 W X 8 (200-400 mesh, H^+)	(Serva)
Aluminiumoxid (neutral, Aktiv.-Stufe I)	(Woelm)
Imidazol	(Merck)

<u>Testansatz</u> (100 µl-Reaktionsgemisch)

			Endkonz.
Mix I: Theophyllin, 23 mM	30 µl	40 µl	6.9 mM
$MgSO_4$, 800 mM	1 µl		8.0 mM
Tris-maleat, 890 mM (pH 7.4)	9 µl		80.1 mM
In diesem Mix frisch lösen:			
Creatinphosphat, 37.5 mM			
cAMP, 3.75 mM			
Creatinkinase, 0.4 mg/40 µl			
Homogenat (Gewebe in eiskaltem 2 mM Tris-maleat-2 mM-EGTA-NaOH-Puffer (pH 7.4) (Homogenisierpuffer) homogenisieren (1:60; w/v))		20 µl	
Mix II: α-^{32}P-ATP (ca. 1 200 000 cpm)	2 µl	20 µl	480 µM
ATP, 12 mM	4 µl		
Wasser	14 µl		
Wasser		ad 100 µl	

Man startet die Reaktion durch Zugabe des Mixes II, inkubiert 10 min bei 37°C im Schüttelwasserbad (4 ml-PPN-Röhrchen) und stoppt mit 100 µl Stopplösung. Nach Zusatz von 800 µl Wasser wird die Lösung in eine Sarstedt-Pipettenspitze gegossen (gefüllt mit 2.5 ml einer wäßrigen 1:1-Suspension (v/v) von Dowex W X 8, ca. 3 cm hoch). Man spült das Röhrchen mit 1 ml Wasser, gießt den Inhalt auf die Säule und wäscht die Säule mit 1.2 ml Wasser. Dann eluiert man mit 2 × 2 ml Wasser in ein 14 ml-PPN-Röhrchen, gibt 270 µl 1.5 M Imidazol-HCl (pH 7.2) hinzu und gießt den Inhalt des Röhrchens in eine Sarstedt-Pipettenspitze (gefüllt mit 0.6 g Al_2O_3, gewaschen mit 8 ml 100 mM Imidazol-HCl (pH 7.5), ca. 2 cm hoch). Man wäscht direkt in ein Zählgläschen und wäscht noch mit 1 ml 100 mM Imidazol-HCl (pH 7.5) nach. Zählung im Szintillations-Spektrometer ohne Szintillatorzusatz (Cerenkov-Strahlung).

Falls wenig Gewebe zur Verfügung steht (Stanzproben), empfiehlt sich ein kleineres Inkubationsvolumen. Die Genauigkeit des Tests leidet jedoch etwas unter der Verringerung des Volumens. Folgende Ansätze von Reaktionsgemischen zu 50 bzw. 25 µl sind erprobt worden:

Mix I (wie oben)	20 µl	oder	10 µl
Homogenat	10 µl		5 µl

Mix II (wie oben)	10 µl	5 µl
Wasser	ad 50 µl	ad 25 µl

Anmerkungen

1. Blindwert: Standard-Homogenat 5 min bei 95°C erhitzen. Man findet ca. 0.005% der eingesetzten Radioaktivität.
2. Stopplösung: ATP, 20 mM
   cAMP, 700 µM
   Na-dodecylsulfat (1 Vol.%)
   Diese Lösung kann mindestens 3 Monate im Kühlschrank aufbewahrt werden.
3. Die Säulen können mehrmals benutzt werden. Dowex: Nach Beendigung des Versuches mit 2 ml 1 N HCl, vor Gebrauch mit 8 ml Wasser waschen. Al_2O_3: Nach Beendigung des Versuches mit 8 ml 100 mM Imidazol-HCl (pH 7.5) waschen.
4. Die nötige Al_2O_3-Menge wird mit einem kalibrierten Glasröhrchen abgemessen.
5. Der Umsatz in der Testreaktion sollte zur Einhaltung der Linearität nicht mehr als 5% betragen.
6. Bei jedem Versuch läßt man 2 Röhrchen mit ^{3}H-cAMP (ca. 20 000 cpm) zur Bestimmung der Ausbeute mitlaufen. Ausbeute ca. 80% des ^{3}H-cAMP.

Pro Person und Arbeitstag können ca. 75 ADC-Bestimmungen (mit Doppelwerten) durchgeführt werden.

G. Krishna, B. Weiss und B.B. Brodie (1968) bestimmen die Aktivität der Adenylatcyclase, indem sie radioaktiv markiertes ATP (α-^{32}P, ^{14}C oder ^{3}H) einsetzen, das Reaktionsgemisch an einem Ionenaustauscher chromatographieren und im Eluat die Nucleotide und anorganisches Phosphat mit $ZnSO_4/Ba(OH)_2$ ausfällen. Markiertes cAMP bleibt in Lösung (A simple, sensitive method for the assay of adenylate cyclase. J Pharmacol Exp Ther 163:379-385).

A.A. White und D.B. Karr (1978) beschreiben eine Methode zur Aktivitätsbestimmung von ADC (bzw. GUC), die ähnlich der von Y. Salomon, C. Londos und M. Rodbell ist. Die Autoren geben niedrigere Blindwerte, hohe Wiederfindungsraten des ^{32}P-cAMP (bzw. ^{32}P-cGMP) und ausgezeichnete Reproduzierbarkeit an (Improved two-step method for the assay of adenylate and guanylate cyclase. Anal Biochem 85:451-460).

33. Guanylatcyclase (GUC)

Modifikation der Methode von

Nakazawa K, Sano M (1974) Studies on guanylate cyclase. J Biol Chem 249:4207-4211

(Guanylatcyclase 4.6.1.2)

Vorkommen des Enzyms

Ubiquitär im Säugerorganismus.

Substrat

Guanosin-5'-triphosphat (GTP).

Inhibitor

Adenosin-5'-triphosphat (ATP).

Eigenschaften

Im Gegensatz zur Adenylatcyclase ist die Guanylatcyclase nicht membrangebunden und nicht durch Catecholamine sowie Fluorid stimulierbar. Benötigt Mangan$^{2\oplus}$-Ionen.

Biologische Bedeutung

Biosynthese des cyclischen GMP (cGMP).

Reaktionsablauf

Guanosin-5'-[α-^{32}P]-triphosphat (^{32}P-GTP) $\xrightarrow[Mn^{2\oplus}]{GUC}$ Guanosin-3',5'-[^{32}P]-monophosphat (^{32}P-cGMP) + P-P

Die Guanylatcyclase bildet aus α-^{32}P-GTP unter Abspaltung von Diphosphat ^{32}P-cGMP. Die Trennung von ^{32}P-GTP gelingt durch Filtration über neutrales Aluminiumoxid und einen Anionenaustauscher. Cyclisches GMP kann zu 75% eluiert werden.

Material

α-(^{32}P)-Guanosin-5'-triphosphat (175 Ci/mMol) (^{32}P-GTP)	(Amersham-Buchler)
Cyclisches (^{14}C)-Guanosin-3',5'-monophosphat (440 mCi/mMol) (^{14}C-cGMP)	(Amersham-Buchler)
Mangan-II-chlorid	(Merck)
cGMP	(Boehringer)
GTP	(Boehringer)

Aluminiumoxid (neutral, Aktiv.-Stufe III)	(Woelm)
Dowex 1 X 2 (200-400 mesh, Formiat)	(Serva)

Testansatz (50 μl-Reaktionsgemisch)

			Endkonz.
Mix I: Tris-HCl, 400 mM (pH 7.4)	2 μl	10 μl	16 mM
$MnCl_2$, 30 mM	4 μl		2.4 mM
Wasser	4 μl		
Homogenat (Gewebe in eiskalter 250 mM Saccharose mit 20 mM Tris-HCl (pH 7.4), 1 mM EDTA, 10 mM Mercaptoäthanol (Homogenisierpuffer) homogenisieren (1:15; w/v) und 10 min bei 10 000 g zentrifugieren. Den Überstand 60 min bei 100 000 g zentrifugieren. Im Überstand wird die Enzymaktivität bestimmt)		30 μl	
Gestartet wird die Reaktion durch Zugabe des Mix II: α-^{32}P-GTP (ca. 1 000 000 cpm)	2 μl	10 μl	
cGMP, 20 mM	4 μl		1.6 mM
GTP, 4 mM	4 μl		320 μM

Nach 10 min Inkubation bei 37°C im Schüttelwasserbad (4 ml-PPN-Röhrchen) stoppt man die Reaktion durch 45 sec Erhitzen bei 90°C. Man versetzt mit 400 μl 50 mM Tris-HCl (pH 7.4) und gießt den Inhalt des Röhrchens in eine Sarstedt-Pipettenspitze (gefüllt mit 0.8 g Al_2O_3, gewaschen mit 8 ml 50 mM Tris-HCl (pH 7.4), ca. 2.5 cm hoch). Dann spült man das Röhrchen mit 400 μl 50 mM Tris-HCl (pH 7.4), gießt den Inhalt in die Pipettenspitze und wäscht mit 2 × 4 ml 50 mM Tris-HCl (pH 7.4) direkt in eine Sarstedt-Pipettenspitze (gefüllt mit 2 ml einer wäßrigen 1:1-Suspension (v/v) von Dowex 1 X 2, ca. 2.7 cm hoch). Die Austauschersäule wäscht man mit 10 ml 0.05 N Ameisensäure, eluiert mit 5 ml 4 N Ameisensäure (mit 0.2 M Ammoniumformiat) (wobei man den ersten Milliliter verwirft) und zählt ohne Szintillatorzusatz (Cerenkov-Strahlung) im Szintillationsspektrometer.

Falls wenig Gewebe zur Verfügung steht (Stanzproben), empfiehlt sich ein kleineres Inkubationsvolumen. Die Genauigkeit des Tests leidet jedoch etwas unter der Verringerung des Volumens. Folgender Ansatz eines 25 μl-Reaktionsgemisches ist erprobt worden:

Mix I (wie oben)	5 μl
Homogenat	15 μl
Mix II (wie oben)	5 μl

Anmerkungen

1. Blindwert: Standard-Homogenat 5 min bei 95°C erhitzen. Man findet ca. 0.05% der eingesetzten Radioaktivität.
2. Die nötige Al_2O_3-Menge wird mit einem kalibrierten Glasröhrchen abgemessen.

3. Der Umsatz in der Testreaktion sollte zur Einhaltung der Linearität nicht mehr als 5% betragen.
4. Bei jedem Versuch läßt man 2 Röhrchen mit ^{14}C-cGMP (ca. 20 000 cpm) zur Bestimmung der Ausbeute mitlaufen. Ausbeute ca. 75% des ^{14}C-cGMP.

Pro Person und Arbeitstag können ca. 75 GUC-Bestimmungen (mit Doppelwerten) durchgeführt werden.

Eine Alternativmethode zur GUC-Bestimmung findet sich bei A.A. White und D.B. Karr (1978) (Improved two-step method for the assay of adenylate and guanylate cyclase. Anal Biochem 85:451-460).

34. Phosphodiesterase (PDE)

Modifikation der Methode von

Brooker G, Thomas LJ, Appleman MM (1968) The assay of adenosine 3,5-cyclic monophosphate and guanosine 3,5-cyclic monophosphate in biological materials by radioisotopic displacement. Biochemistry 7:4177-4181

Vorkommen des Enzyms

Ubiquitär im Säugerorganismus.

Substrate

cAMP, cGMP, cIMP.

Inhibitoren

Methylxanthine: Theophyllin, Theobromin, Methylisobutylxanthin.

Eigenschaften

Reinigung des Enzyms aus Rattengehirn (Cortex) mittels Agarose-Gelfiltration zeigt eine hochmolekulare Einheit (MG = 400 000) mit einem K_m von 100 µM für cAMP und eine niedermolekulare (MG = 200 000) mit einem K_m von 5 µM. Die hochmolekulare Form ist recht spezifisch für cGMP, die niedermolekulare zeigt mehr Spezifität für cAMP.

Biologische Bedeutung

Abbau der cyclischen Nukleotide cAMP und cGMP.

I. Cyclisches 3',5'-Adenosinphosphat-Phosphodiesterase (Cyclisches 3',5'-AMP Phosphodiesterase 3.1.4.17)

Reaktionsablauf

^{3}H-Adenosin-3',5'-monophosphat $\xrightarrow[Mg^{2\oplus}]{PDE}$ ^{3}H-Adenosin-5'-monophosphat

$\xrightarrow{Nucleotidase}$ ^{3}H-Adenosin

Die Phosphodiesterase spaltet das ^{3}H-cAMP unter Bildung von ^{3}H-5'-Adenosinmonophosphat (^{3}H-AMP). Im Überschuß zugesetzte 5'-Nucleotidase (Schlangengift) dephosphoryliert das ^{3}H-AMP zu ^{3}H-Adenosin. Nicht umgesetztes ^{3}H-cAMP wird an einen Anionenaustauscher gebunden. ^{3}H-Adenosin läßt sich mit Tris-HCl eluieren.

Material

Cyclisches (^{3}H)-Adenosin-3',5'-monophosphat (38 Ci/mMol; 1 µCi/µl) (^{3}H-cAMP)	(Amersham-Buchler)
^{14}C-Adenosin (542 mCi/mMol)	(Amersham-Buchler)
Dowex AG 1 X 2 (minus 400 mesh, Cl^{-})	(Biorad)
PEI-Cellulose-Platten (F 1640 PEI/LS 254)	(Schleicher & Schüll)
Schlangengift (King Cobra)	(Sigma)
Aquasol	(NEN)

Testansatz (50 µl-Reaktionsgemisch)

			Endkonz.
Homogenat (Gewebe in kaltem Wasser (2-4°C) homogenisieren (1:400; w/v), dann 20 min bei 30 000 g zentrifugieren. Im Überstand wird die Enzymaktivität bestimmt)		20 µl	
Mix: $MgCl_2$, 200 mM	2 µl	20 µl	10 mM
Tris-HCl, 400 mM (pH 8.0)	2 µl		20 mM
(mit 50 mM K-EDTA)			1.25 mM
^{3}H-cAMP, s.o.	4 µl		2.6 µM
Wasser	12 µl		

Man startet die Reaktion durch Zugabe des Mixes, inkubiert 20 min bei 37°C im Schüttelwasserbad (4 ml-PPN-Röhrchen) und stoppt durch Erhitzen im 90°C heißen Wasserbad (45 sec). Dann setzt man 10 µl Schlangengift-Lösung zu, inkubiert weitere 10 min im Schüttelwasserbad, stoppt mit 1 ml 40 mM Tris-HCl (pH 8.0) und gießt den Inhalt des Röhrchens in eine Sarstedt-Pipettenspitze (gefüllt mit 1.5 ml einer wäßrigen 1:1-Suspension (v/v) von Dowex 1 X 2, ca. 2 cm hoch). Man verwirft den Durchlauf, spült das Röhrchen mit 1 ml desselben Puffers, gibt den Inhalt auf die

Säule und wäscht die Säule mit 5 ml Puffer. Das Eluat (6 ml!) zählt man nach Zugabe von 15 ml Aquasol im Flüssigkeits-Szintillationsspektrometer.

Falls wenig Gewebe zur Verfügung steht (Stanzproben), empfiehlt sich ein kleineres Inkubationsvolumen. Die Genauigkeit des Tests leidet nur geringfügig unter der Verringerung des Volumens. Folgende Ansätze von Reaktionsgemischen zu 25 bzw. 13 µl sind erprobt worden:

		Endvolumen
Homogenat	10 µl	
Mix (wie oben)	10 µl	25 µl
Schlangengift-Lösung (s. Anm.2)	5 µl	
Homogenat	5 µl	
Mix (wie oben)	5 µl	13 µl
Schlangengift-Lösung (s. Anm.2)	3 µl	

Anmerkungen

1. Blindwert: Standard-Homogenat 5 min bei 95°C erhitzen. Man findet ca. 1.3% der eingesetzten Radioaktivität.
2. Schlangengift-Lösung: 1 mg/ml 40 mM Tris-HCl (pH 8.0). Diese Lösung kann portionsweise bei -30°C gelagert werden.
3. Die Dowex-Säulen können mehrmals benutzt werden:
   Waschen mit: 4 ml 0.5 N NaOH
   3 ml Wasser
   4 ml 0.5 N HCl
   4 ml Wasser
4. Reinigung des ^{3}H-cAMP:
   Chromatographie auf PEI-Cellulose-Platten
   Laufmittel: 0.85 M KH_2PO_4 (pH 3.4)
   Laufzeit: ca. 1 h
   R_F (^{3}H-cAMP): 0.5
   Extraktion des ^{3}H-cAMP mit zweimal 60 µl 50 mM Na-acetat (pH 4.0)
5. Der Umsatz in der Testreaktion sollte zur Einhaltung der Linearität nicht mehr als 20% betragen.
6. Bei jedem Versuch läßt man 2 Röhrchen mit ^{14}C-Adenosin zur Bestimmung der Ausbeute mitlaufen. Ausbeute: 92-94% des ^{14}C-Adenosins.

Pro Person und Arbeitstag können ca. 75 PDE-Bestimmungen (mit Doppelwerten) durchgeführt werden.

II. Cyclisches 3',5'-Guanosinphosphat-Phosphodiesterase (Cyclisches 3',5'-GMP Phosphodiesterase 3.1.4.17)

Reaktionsablauf

^{14}C-Guanosin-3',5'-monophosphat $\xrightarrow[Mg^{2+}]{PDE}$ ^{14}C-Guanosin-5'-monophosphat

$\xrightarrow{Nucleotidase}$ ^{14}C-Guanosin

Die Phosphodiesterase spaltet das ^{14}C-Cyclo-GMP unter Bildung von ^{14}C-5'-Guanosinmonophosphat. Überschüssige 5'-Nucleotidase (Schlangengift) dephosphoryliert das ^{14}C-GMP zu ^{14}C-Guanosin. Nicht umgesetztes ^{14}C-cGMP wird an einen Anionenaustauscher gebunden. ^{14}C-Guanosin läßt sich mit Tris-HCl eluieren.

Material

Dowex AG 1 X 2 (minus 400 mesh, Cl^-)	(Biorad)
Cyclisches (^{14}C)-Guanosin-3',5'-monophosphat (440 mCi/mMol; 10 nCi/µl) (^{14}C-cGMP)	(Amersham-Buchler)
^{14}C-Guanosin (545 mCi/mMol; 50 nCi/µl)	(Amersham-Buchler)
cGMP	(Boehringer)
Schlangengift (King Cobra)	(Sigma)
Aquasol	(NEN)

Testansatz (50 µl-Reaktionsgemisch)

			Endkonz.
Homogenat (Gewebe in kaltem Wasser (2-4°C) homogenisieren (1:400; w/v), dann 20 min bei 30 000 g zentrifugieren. Im Überstand wird die Enzymaktivität bestimmt)		20 µl	
Mix: $MgCl_2$, 200 mM	2 µl	20 µl	10 mM
Tris-HCl, 400 mM (mit 50 mM K-EDTA (pH 8.0))	2 µl		20 mM
^{14}C-cGMP, s.o.	1 µl		2.5 mM
cGMP, 160 µM	1 µl		4.6 µM
Wasser	14 µl		

Man startet die Reaktion durch Zugabe des Mixes, inkubiert 20 min bei 37°C im Schüttelwasserbad (4 ml-PPN-Röhrchen) und stoppt durch Erhitzen im 90°C heißen Wasserbad (45 sec). Dann setzt man 10 µl Schlangengift-Lösung zu, inkubiert weitere 10 min im Schüttelwasserbad, stoppt mit 1 ml 40 mM Tris-HCl (pH 8.0) und gießt den Inhalt des Röhrchens in eine Sarstedt-Pipettenspitze (gefüllt mit 1.0 ml einer wäßrigen 1:1-Suspension (v/v) von Dowex 1 X 2, ca. 1.5 cm hoch). Man verwirft den Durchlauf, spült das Röhrchen mit 1 ml des gleichen Puffers, gibt den Inhalt auf die Säule und wäscht die Austauschersäule mit 5 ml Puffer. Das Eluat (insgesamt 6 ml!) zählt man nach Zugabe von 15 ml Aquasol im Flüssigkeits-Szintillationsspektrometer.

Falls wenig Gewebe zur Verfügung steht (Stanzproben), empfiehlt sich ein kleineres Inkubationsvolumen. Die Genauigkeit des Tests leidet jedoch etwas unter der Verringerung des Volumens. Folgende Ansätze von Reaktionsgemischen zu 25 bzw. 13 µl sind erprobt worden:

		Endvolumen
Homogenat	10 µl	
Mix (wie oben)	10 µl	25 µl
Schlangengift-Lösung (s. Anm.2)	5 µl	
Homogenat	5 µl	
Mix (wie oben)	5 µl	13 µl
Schlangengift-Lösung (s. Anm.2)	3 µl	

Anmerkungen

1. Blindwert: Standard-Homogenat 5 min bei 95°C erhitzen. Man findet ca. 1.6% der eingesetzten Radioaktivität.
2. Schlangengift-Lösung: 1 mg/ml 40 mM Tris-HCl (pH 8.0). Diese Lösung kann portionsweise bei -30°C gelagert werden.
3. Die Dowex-Säulen können mehrmals benutzt werden:
   Waschen mit: 4 ml 0.5 N NaOH
   3 ml Wasser
   4 ml 0.5 N HCl
   4 ml Wasser
4. Der Umsatz in der Testreaktion sollte zur Einhaltung der Linearität nicht mehr als 20% betragen.
5. Bei jedem Versuch läßt man 2 Röhrchen mit ^{14}C-Guanosin zur Bestimmung der Ausbeute mitlaufen. Ausbeute: 94-96% des ^{14}C-Guanosins.

Pro Person und Arbeitstag können ca. 75 PDE-Bestimmungen (mit Doppelwerten) durchgeführt werden.

Von den zahlreichen Methoden, die PDE-Aktivität zu bestimmen, seien drei weitere herausgegriffen:

S.N. Pennington (1971) beschreibt eine PDE-Bestimmung, bei der das Reaktionsprodukt AMP vom Ausgangsprodukt cAMP auf einer Hochdruck-Flüssigkeitschromatographie-Säule getrennt wird (3',5'-cyclic adenosine monophosphate phosphodiesterase assay using high speed liquid chromatography. Anal Chem 43:1701-1703).

P.S. Schönhöfer et al. (1972) setzen ^{32}P-cAMP als Substrat der PDE ein. Eine Phosphatase dephosphoryliert das gebildete ^{32}P-AMP zu Adenosin. Das freiwerdende ^{32}P-Phosphat kann nach Komplexierung mit Molybdat extrahiert werden (Cyclic 3',5'-AMP phosphodiesterase in isolated fat cells. Pharmacology 7:65-77).

Eine einfache und schnelle Methode zur PDE-Bestimmung wird von D.R. Zusman (1978) angegeben. Das aus ^{3}H-cAMP entstandene ^{3}H-AMP wird auf Celluloseplatten durch Waschen mit LiCl-Lösung vom Ausgangsprodukt getrennt (A rapid batch assay for cyclic AMP phosphodiesterase. Anal Biochem 84:551-558).

35. Proteinkinase (PK)

Modifikation der Methode von

Dinnendahl V, Peters HD, Schönhöfer PS (1973) Effects of antilipolytic drugs on cyclic 3,5-AMP dependent protein kinase. Naunyn-Schmiedebergs Arch Pharmacol 278:293-300

(Proteinkinase 2.7.1.37)

Vorkommen des Enzyms

Ubiquitär.

Substrate (der cyclo-AMP regulierten PK)

Histon, Casein, Protamin, Membranproteine aus Leber und Erythrozyten (Phosphat-Akzeptor ist die Aminosäure Serin).

Inhibitor

Adenosin-5'-triphosphat (ATP) in höherer Konzentration.

Eigenschaften

Isolierung und Reinigung des Enzyms aus Kaninchen-Skelettmuskel. MG ca. 1.3×10^6. Aufgebaut aus den Untereinheiten A, B und C. Das Enzym existiert in einer aktiven und einer inaktiven Form. Es benötigt Calcium-Ionen.

Biologische Bedeutung

Phosphorylierung von Proteinen.

Reaktionsablauf

$$\text{Histon} \xrightarrow[\gamma\text{-}^{32}\text{P-ATP}]{\text{PK}} {}^{32}\text{P-Histonphosphat}$$

Die Proteinkinase (PK) überträgt ^{32}P-markiertes Phosphat vom γ-^{32}P-ATP auf Histon. Überschüssiges γ-^{32}P-ATP wird mit verdünnter Natronlauge ausgewaschen, das Röhrchen mit dem Präzipitat, das ^{32}P-Histonphosphat enthält, in ein Zählgläschen gebracht und ohne Szintillatorzusatz gezählt (Cerenkov-Strahlung).

Material

Histon, Typ IIa	(Sigma)
γ-(^{32}P)-Adenosin-5'-triphosphat (2.3 Ci/mMol) (^{32}P-ATP)	(Amersham-Buchler)
ATP-di-Na-Salz (ATP)	(Merck)
Rinderserum-Albumin	(Serva)

Testansatz (20 μl-Reaktionsgemisch)

			Endkonz.
Homogenat (Gewebe in eiskaltem 50 mM K-phosphat (mit 1 mM EDTA; pH 6.5) (Homogenisierpuffer) homogenisieren (1:50; w/v))		10 μl	
Mix: K-phosphat, 1 M (pH 6.5)	1 μl	10 μl	50 mM
$MgCl_2$, 200 mM	1 μl		10 mM
Histon (25 mg/ml Wasser)	1 μl		
γ-^{32}P-ATP (ca. 30 000 cpm)	1 μl		8 μM
ATP, 200 μM	0.8 μl		
Wasser	5.2 μl		

Man startet die Reaktion durch Zugabe des Mixes, inkubiert 40 min bei 25°C im Schüttelwasserbad (Sarstedt-Röhrchen Nr.72.696) und stoppt mit 500 μl 10% Trichloressigsäure (w/v) und 50 μl 1.2% Rinderserum-Albumin-Lösung. Nach 2 min Zentrifugieren bei 4°C in der Eppendorf-Zentrifuge dekantiert man, wäscht den Niederschlag mit 200 μl kaltem Wasser, dekantiert, löst den Niederschlag in 100 μl 1 N NaOH und fällt erneut mit 500 μl Trichloressigsäure. Diesen Vorgang wiederholt man einmal. Nach Lösen des Niederschlages in 100 μl 1 N NaOH bringt man die Röhrchen in Zählgläschen und zählt im Flüssigkeits-Szintillationsspektrometer.

Falls wenig Gewebe zur Verfügung steht (Stanzproben), empfiehlt sich ein kleineres Inkubationsvolumen. Die Genauigkeit des Tests leidet nur geringfügig unter der Verringerung des Volumens. Folgende Ansätze von Reaktionsgemischen zu 10 bzw. 5 μl sind erprobt worden:

			Endvolumen
Mix (wie oben, mit ca. 30 000 cpm)		5 μl	
Homogenat		5 μl	10 μl
Mix: K-phosphat, 1 M (pH 6.5)	0.25 μl	3 μl	5 μl
$MgCl_2$, 200 mM	0.25 μl		
Histon (25 mg/ml)	0.2 μl		
γ-^{32}P-ATP (ca. 30 000 cpm)	0.25 μl		
ATP, 200 μM	0.2 μl		
Homogenisierpuffer	0.5 μl		
Wasser	1.35 μl		
Homogenat		2 μl	

Anmerkungen

1. Blindwert: Standard-Homogenat 5 min bei 95°C erhitzen. Man findet ca. 0.2% der eingesetzten Radioaktivität.
2. Röhrchen beim Dekantieren gut abtropfen lassen, am besten auf Kleenex.
3. Falls die Bestimmung erst später erfolgen soll, können die Röhrchen nach dem Stoppen mit Trichloressigsäure bei -30°C für einige Tage gelagert werden.

Pro Person und Arbeitstag können ca. 70 PK-Bestimmungen (mit Doppelwerten) durchgeführt werden.

Die Trennung von radioaktivem Ausgangsprodukt (γ-^{32}P-ATP) und Endprodukt (^{32}P-Histonphosphat) erreichen J.J. Witt und R. Roskoski Jr. (1975) auf einfache Weise. Nach Adsorption des ^{32}P-Histonphosphats an Cellulosephosphat-Papier werden ^{32}P-ATP und wasserlösliche Metabolite ausgewaschen und das phosphorylierte Histon im Szintillations-Spektrometer gezählt (Rapid protein kinase assay using phosphocellulose paper absorption. Anal Biochem 66:252-258).

Einen im Prinzip ähnlichen Proteinkinase-Test beschreiben K.-P. Huang und J.C. Robinson (1976) (A rapid and sensitive assay method for protein kinase. Anal Biochem 72:593-599).

36. Proteincarboxymethylase (PCMT) (optimiert für Hypophyse der Ratte)

Modifikation der Methode von

Diliberto EJ Jr, Viveros OH, Axelrod J (1976) Subcellular distribution of protein carboxymethylase and its endogenous substrates in the adrenal medulla: possible role in excitation-secretion coupling. Proc Natl Acad Sci USA 73:4050-4054

(Protein-O-Methyltransferase 2.1.1.24)

Vorkommen des Enzyms

Hypophyse, Schilddrüse, Herz, Nebenniere, Thrombozyt, Erythrozyt.

Substrate

Hormone der Adenohypophyse: LH, FSH, ACTH, STH, Prolaktin sowie Eialbumin, Gelatine.

Inhibitoren

Nicht bekannt.

Eigenschaften

500fache Reinigung des Enzyms aus Rinder-Hypophysen durch Ammoniumsulfat-Fällung und Sephadex-Chromatographie. Aktivitätsoptimum bei pH 5.5. Größte Stabilität bei pH 6.0. Methyliert Carboxylgruppen von Proteinen.

Biologische Bedeutung

Die hohe Konzentration des Enzyms in der Hypophyse führte zu der Hypothese, daß die PCMT die Proteohormone der Hypophyse durch Methylierung inaktiviert. Diese inaktiven Hormonmethylester (Speicherform?) können durch geringe pH-Verschiebungen hydrolysiert werden, wobei die aktiven Hormone entstehen.

Reaktionsablauf

$$R_1-\underset{\underset{\underset{R_2}{|}}{\underset{C=O}{|}}}{\underset{NH}{|}}{\overset{H}{C}}-C{\overset{O}{\underset{OH}{\lessgtr}}} \xrightarrow[^{3}H-SAM]{PCMT} R_1-\underset{\underset{\underset{R_2}{|}}{\underset{C=O}{|}}}{\underset{NH}{|}}{\overset{H}{C}}-C{\overset{O}{\underset{O-\overset{*}{C}H_3}{\lessgtr}}}$$

$$\xrightarrow{OH^{\ominus}} R_1-\underset{\underset{\underset{R_2}{|}}{\underset{C=O}{|}}}{\underset{NH}{|}}{\overset{H}{C}}-C{\overset{O}{\underset{OH}{\lessgtr}}} + \overset{*}{C}H_3-OH$$

Die PCMT methyliert die Carboxylgruppe z.B. des Albumins unter Übertragung einer Tritium-markierten Methylgruppe. Die gebildeten Methylester werden bei pH 11 hydrolysiert. Das entstandene ^{3}H-Methanol extrahiert man mit Toluol/Isoamylalkohol. Ein Aliquot wird direkt im Flüssigkeits-Szintillationszähler gezählt, ein weiteres Aliquot wird bei 80°C eingeengt und dann gezählt. Die Differenz der Radioaktivität beider Proben dient als Maß für die Aktivität des Enzyms.

Material

Albumin (Ei)	(Sigma)
^{3}H-S-Adenosyl-L-methionin (^{3}H-SAM) (12.6 Ci/mMol; 1 µCi/µl)	(Amersham-Buchler)
Unisolve-100	(Zinsser)

Testansatz (20 µl-Reaktionsgemisch)

Mix: Na-acetat, 500 mM (pH 6.0)	2 µl	5 µl
Albumin (40 mg/ml Wasser)	3 µl	
Homogenat (Gewebe in kaltem Wasser (2-4°C) homogenisieren (1:50; w/v), dann 30 min bei 30 000 g zentrifugieren. Im Überstand wird die Enzymaktivität bestimmt)		10 µl
^{3}H-SAM, s.o.	0.8 µl	5 µl
Wasser	4.2 µl	

Man startet die Reaktion mit dem ^{3}H-SAM, inkubiert 20 min bei 37°C im Schüttelwasserbad (7 ml-PPN-Röhrchen), stoppt mit 1 ml 10% Trichloressigsäure und zentrifugiert 10 min bei ca. 5000 U/min. Nach Abgießen des Überstandes läßt man die Röhrchen mit der Öffnung nach unten auf Kleenex stehen; 5 min später tupft man gut ab, gibt 400 µl 1 M Na-borat (pH 11.0) (mit 2 Vol.% Methanol) hinzu und inkubiert bei 37°C im Schüttelwasserbad. Nach 10 min versetzt man mit 5 ml Toluol/Isoamylalkohol (3:2; v/v), mischt 10 min am Rotator, zentrifugiert 5 min bei ca. 3000 U/min und pipettiert je 2 ml der Oberphase in zwei Zählgläschen. Die eine Probe wird direkt nach Zugabe von 3 ml Unisolve-100 im Flüssigkeits-Szintillationsspektrometer gezählt, die andere Probe wird 3 h bei 80°C erhitzt und nach Zugabe von 1 ml Toluol/Isoamylalkohol (3:2; v/v) und 3 ml Unisolve-100 im Flüssigkeits-Szintillationsspektrometer gezählt.

Falls wenig Gewebe zur Verfügung steht (Stanzproben), empfiehlt sich ein kleineres Inkubationsvolumen. Die Genauigkeit des Tests leidet jedoch etwas unter der Verringerung des Volumens. Folgende Ansätze von Reaktionsgemischen zu 10 bzw. 5 µl sind erprobt worden:

			Endvolumen
Mix: Na-acetat, 500 mM (pH 6.0)	1 µl		
Albumin (40 mg/ml Wasser)	1.5 µl	3 µl	
Wasser	0.5 µl		
Homogenat		5 µl	10 µl
^{3}H-SAM, s.o.	0.4 µl	2 µl	
Wasser	1.6 µl		
Mix: Na-acetat, 500 mM (pH 6.0)	0.5 µl		
Albumin (40 mg/ml Wasser)	0.75 µl	2 µl	
Wasser	0.75 µl		
Homogenat		2 µl	5 µl
^{3}H-SAM, s.o.	0.2 µl	1 µl	
Wasser	0.8 µl		

Anmerkungen

1. Blindwert: Wasser anstelle des Homogenates. Man findet ca. 0.1% der eingesetzten Radioaktivität.
2. Albumin-Lösungen sollten höchstens 14 Tage im Kühlschrank aufbewahrt werden.
3. Das Trocknen der Proben sollte unter den angegebenen Bedingungen erfolgen. Keinesfalls bei höherer Temperatur oder länger als 3 h trocknen!
4. Der Umsatz in der Testreaktion sollte zur Einhaltung der Linearität nicht mehr als 20% betragen.

Pro Person und Arbeitstag können ca. 75 PCMT-Bestimmungen (mit Doppelwerten) durchgeführt werden.

37. Prolaktin (PRL) (im Serum der Ratte)

Niswender GD, Chen CL, Midgley AR, Meites J, Ellis S (1969) Radioimmunoassay for rat prolactin. Proc Soc Exp Biol 130: 793-797

Vorkommen des Hormons

Hypophyse, Serum.

Eigenschaften
Biologische Bedeutung

Prolaktin (PRL) ist bei Säugern beteiligt an der Entwicklung und am Wachstum der Brustdrüse und an der Regulation der Milchproduktion.

Prinzip der Bestimmung

Nach Inkubation des Serums mit einem gegen PRL gerichteten Antikörper wird ^{125}Jod-markiertes PRL zugesetzt, das mit dem PRL des Serums kompetitiv um die Bindestellen des Antikörpers konkurriert. Den entstandenen Antigen-Antikörper-Komplex fällt man durch Zugabe eines 2. Antikörpers im Überschuß. Nach Einstellung eines Gleichgewichtes wird zentrifugiert und das Präzipitat in einem γ-Strahlen-Zählgerät gezählt.

Material

Chloramin T	(Merck)
Natriumdisulfit	(Merck)
^{125}Jod (100 mCi/ml)	(Amersham-Buchler)
Sephadex G 75	(Pharmacia)
Bromphenolblau	(Serva)
Rinderserum-Albumin (RSA)	(Serva)
Prolaktin (PRL) 1. Antikörper	(NIAMDD-Kit; NIH, Bethesda, Maryland, USA)
2. Antikörper (Anti-IgG-Kaninchen)	(Miles)

A. Jodierung des PRL

1. 0.5 mCi ^{125}Jod zu PRL-Lösung geben (Sarstedt-Röhrchen Nr. 72.690), gut durchmischen.
2. 30 µl Chloramin-T-Lösung zusetzen, durchmischen.
3. Nach 15 sec 60 µl Na-disulfit-Lösung zusetzen, durchmischen.
4. 50 µl Transfer-Lösung zusetzen, durchmischen.
5. Lösung auf Sephadex-Säule geben.

6. Säule mit PBS eluieren. 1 ml-Fraktionen in 7 ml-PPN-Röhrchen auffangen, die je 1 ml PBS mit 1% RSA enthalten. Zuerst wird das ^{125}J-PRL eluiert, dann das ^{125}Jod, zuletzt der Farbstoff.
7. Radioaktivität im γ-Zählgerät messen (10 µl). Lösung mit PBS (1% RSA) auf 35 000-40 000 cpm/100 µl einstellen.

B. Radioimmunologische Bestimmung des PRL

Serum	50-100 µl
oder	
PRL-Standard	5-200 µl
PBS mit 1% RSA	ad 500 µl
1. Antikörper	200 µl

Durchmischen, bei +4°C stehen lassen. Nach 24 h 100 µl ^{125}J-PRL-Lösung zusetzen, durchmischen, bei +4°C stehen lassen. Nach 24 h 200 µl 2. Antikörper-Lösung zusetzen, durchmischen, bei +4°C setzen lassen. Nach 72 h 3 ml PBS zusetzen, zentrifugieren, abgießen, auf Kleenex abtropfen lassen und den Rückstand zählen.

Anmerkungen

1. Gesamtaktivität: ca. 40 000 cpm. Unspezifische Bindung (ohne 1. Antikörper): ca. 2-5% der Gesamtaktivität.
2. PBS: NaCl, 140 mM
   Na-phosphat, 10 mM (pH 7.0)
   Merthiolat 0.01%
   Kann für einige Wochen bei +4°C aufbewahrt werden.
3. Chloramin-T-Lösung: 10 mg in 5 ml PBS lösen. Täglich frisch bereiten.
4. Na-disulfit-Lösung: 25 mg in 10 ml PBS lösen. Täglich frisch bereiten.
5. Transfer-Lösung: 100 mg K-jodid
   1 mg Bromphenolblau
   mit 16% (w/v) Saccharose-Lösung ad 10 ml.
   Kann in 1 ml-Portionen bei -30°C gelagert werden.
6. Sephadex-Säule: Sephadex G 75 in PBS quellen lassen (ca. 12 h), dann in Glassäule (23 cm lang, 1 cm innerer Ø) blasenfrei füllen. Säule mit PBS (5% RSA) waschen, dann mit PBS gründlich nachwaschen.
7. Prolaktin-Lösung zum Jodieren: 2.5 µg/10 µl Wasser. Kann bei -30°C gelagert werden.
8. Standard: Ratten-Serum mit bekannter PRL-Konzentration: 30 ng/ml. Eichkurve mit 150-300-750-1500-3000-6000-pg aufstellen.
9. Der 1. Antikörper soll 30-50% des Prolaktins binden. Den 2. Antikörper setzt man im Überschuß zu.

Pro Person und Arbeitstag können ca. 100 PRL-Bestimmungen (mit Doppelwerten) durchgeführt werden.

38. Protein

Lowry OH, Rosebrough NJ, Farr AL, Randall RJ (1951) Protein measurement with the folin phenol reagent. J Biol Chem 193:265-275

Material

Trichloressigsäure	(Merck)
K-Na-tartrat	(Merck)
Rinderserum-Albumin	(Serva)
Folin-Ciocalteus-Reagens	(Merck)

Versuchansatz

Standard *oder* Gewebeprobe	2.5-20 µl
Trichloressigsäure	1 ml

Man inkubiert die Röhrchen 30 min im Eisbad (4 ml-PPN-Röhrchen) und zentrifugiert 5 min bei ca. 6000 U/min. Danach dekantiert man den Überstand und stellt die Röhrchen mit der Öffnung nach unten auf Kleenex-Papier. Man läßt gut abtropfen, gibt 100 µl 1 N NaOH in jedes Röhrchen und inkubiert 30 min bei 37°C im Schüttelwasserbad. Nach Zugabe von 1 ml Reagens 1 läßt man 10 min bei Raumtemperatur stehen, gibt dann 100 µl Reagens 2 hinzu, mixt *sofort* kräftig und inkubiert weitere 30 min bei 37°C. Danach mißt man bei 750 nm die Extinktion gegen 1 N NaOH.

Anmerkungen

1. *Reagens 1:* 50 ml 2% Na_2CO_3 (w/v)
   1 ml 1% $CuSO_4$ (w/v)
   1 ml 2% K-Na-tartrat (w/v)
   Vor Gebrauch mischen.
   Reagens 2: Folin-Ciocalteus-Reagens, vor Gebrauch 1 + 1 (v/v) mit Wasser verdünnen.
2. Standard: 1 mg Rinderserum-Albumin/1 ml Wasser. Eichkurve mit 2.5, 5, 10, 15, 20 µl aufstellen (je nach Proteingehalt der Proben).
3. Es ist entscheidend für den Versuch, nach Zugabe des Reagens 2 *augenblicklich* zu mixen, da das Folin-Reagens nur wenige Sekunden reaktiv bleibt.
4. Polypropylen-Röhrchen (PPN) verwenden. Mit Glasröhrchen schlechtere Ergebnisse.
5. Die Verwendung von Kunststoff-Einmalküvetten (0.5 ml) ist zu empfehlen.

Pro Person und Arbeitstag können ca. 100 Proteinbestimmungen (mit Doppelwerten) durchgeführt werden.

D. Literaturhinweise für weitere Bestimmungsmethoden

1. β-Phenyläthylamin (PEA)

$C_6H_5-CH_2-CH_2-NH_2$

Edwards DJ, Blau K (1972) Analysis of phenylethylamines in biological tissues by gas-liquid chromatography with electron-capture detection. Anal Biochem 45:387-402

Mosnaim AD, Inwang EE (1973) A spectrophotometric method for the quantification of 2-phenylethylamine in biological specimens. Anal Biochem 54:561-577

Saavedra JM (1974) Enzymatic isotopic assay for and presence of β-phenylethylamine in brain. J Neurochem 22:211-216

Willner J, LeFevre HF, Costa E (1974) Assay by multiple ion detection of phenylethylamine and phenylethanolamine in rat brain. J Neurochem 23:857-859

Suzuki O, Yagi K (1976) A fluorometric assay for β-phenylethylamine in rat brain. Anal Biochem 75:192-200

Martin IL, Baker GB (1977) A gas-liquid chromatographic method for the estimation of 2-phenylethylamine in rat brain tissue. Biochem Pharmacol 26:1513-1516

Hiemke C, Kauert G, Kalbhen DA (1978) Gas-liquid chromatographic properties of catecholamines, phenylethylamines and indolalkylamines as their propionyl derivatives. J Chromatogr 153:451-460

2. Tyramin

$HO-C_6H_4-CH_2-CH_2-NH_2$

Guilbault GG, Brignac PJ Jr, Juneau M (1968) New substrates for the fluorometric determination of oxidative enzymes. Anal Chem 40:1256-1263

Haeffner LJ, Magen JS, Kowlessar OD (1976) The gas-liquid chromatographic separation of selected catecholamines on polyamide A103. J Chromatogr 118:425-428

Henke U, Tschesche R (1976) Separation and identification of trimethylsilyl derivatives of tyramines and methodytyramines by gas-liquid chromatography. J Chromatogr 120:477-481

Tallman JF, Saavedra JM, Axelrod J (1976) A sensitive enzymatic-isotopic method for the analysis of tyramine in brain and other tissues. J Neurochem 27:465-469

Hiemke C, Kauert G, Kalbhen DA (1978) Gas-liquid chromatographic properties of catecholamines, phenylethylamines and indolalkylamines as their propionyl derivatives. J Chromatogr 153: 451-460

3. 3-Methoxytyramin (MT)

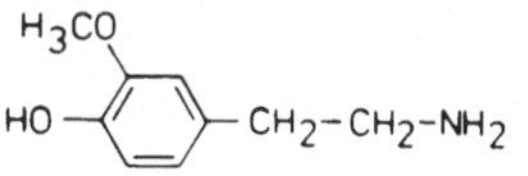

Guldberg HC, Sharman DF, Tegerdine PR (1971) Some observations on the estimation of 3-methoxytyramine in brain tissue. Br J Pharmacol 42:505-511

Messiha FS, Raval RP (1973) Fluorometric determination of 3-methoxytyramine and 3-methoxy-4-hydroxyphenylethanol. J Pharm Pharmacol 25:184-185

Henke U, Tschesche R (1976) Separation and identification of trimethylsilyl derivatives of tyramines and methoxytyramines by gas-liquid chromatography. J Chromatogr 120:477-481

Galli CL, Cattabeni F, Eros T, Spano PF, Algeri S, Di Giulio A, Gropetti A (1976) A mass fragmentographic assay of 3-methoxytyramine in rat brain. J Neurochem 27:795-798

Kilts CD, Vrbanac JJ, Rickert DE, Rech RH (1977) Mass fragmentographic determination of 3.4-dihydroxyphenylethylamine and 4-hydroxy-3-methoxyphenylethylamine in the caudate nucleus. J Neurochem 28:465-467

4. 3.4-Dihydroxyphenyläthylenglykol (DOPEG)

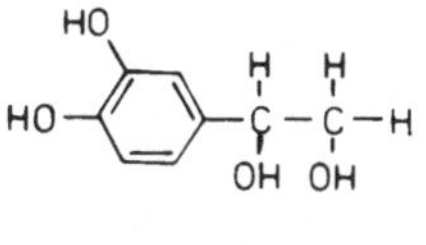

Nielsen M, Braestrup C (1976) A method for the assay of conjugated 3.4-dihydroxyphenylglycol, a major noradrenaline metabolite in the rat brain. J Neurochem 27:1211-1217

Karasawa T, Furukawa K, Shimizu M (1978) A sensitive fluorometric method for the estimation of 3.4-dihydroxyphenylethylene glycol in brain tissue. J Neurochem 30:1525-1530

5. 3.4-Dihydroxymandelsäure (DOMA)

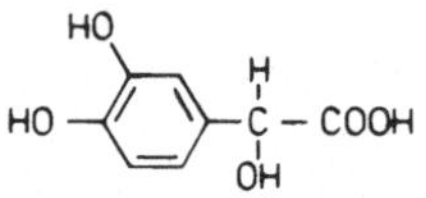

$HO(HO)C_6H_3-CH(OH)-COOH$

Sato T, DeQuattro V (1969) Enzymatic assay for 3.4-dihydroxymandelic acid (DOMA) in human urine, plasma, and tissues. J Lab Clin Med 74:672-681

6. Normetanephrin (NMN)

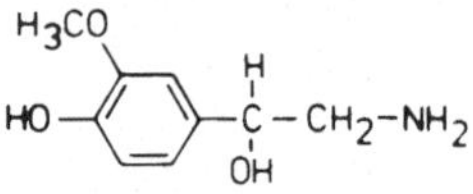

$H_3CO(HO)C_6H_3-CH(OH)-CH_2-NH_2$

Pisano JJ (1960) A simple analysis for normetanephrine and metanephrine in urine. Clin Chim Acta 5:406-414
Anton AH, Sayre DF (1966) Distribution of metanephrine and normetanephrine in various animals and their analysis in diverse biologic material. J Pharmacol Exp Ther 153:15-29
Haeffner LJ, Magen JS, Kowlessar OD (1976) The gas-liquid chromatographic separation of selected catecholamines on polyamide A103. J Chromatogr 118:425-428
Vlachakis ND, DeQuattro V (1978) A simple and specific radioenzymatic assay for measurement of urinary normetanephrine. Biochem Med 20:107-114
Hiemke C, Kauert G, Kalbhen DA (1978) Gas-liquid chromatographic properties of catecholamines, phenylethylamines and indolalkylamines as their propionyl derivatives. J Chromatogr 153:451-460

7. Metanephrin (MN)

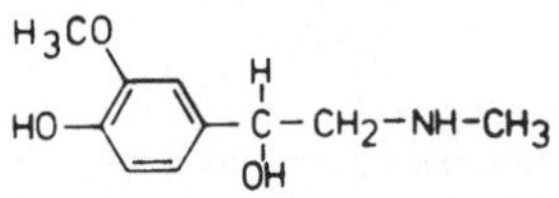

$H_3CO(HO)C_6H_3-CH(OH)-CH_2-NH-CH_3$

Pisano JJ (1960) A simple analysis for normetanephrine and metanephrine in urine. Clin Chim Acta 5:406-414
Anton AH, Sayre DF (1966) Distribution of metanephrine and normetanephrine in various animals and their analysis in diverse biologic material. J Pharmacol Exp Ther 153:15-29

Haeffner LJ, Magen JS, Kowlessar OD (1976) The gas-liquid chromatographic separation of selected catecholamines on polyamide A103. J Chromatogr 118:425-428
Hiemke C, Kauert G, Kalbhen DA (1978) Gas-liquid chromatographic properties of catecholamines, phenylethylamines and indolalkylamines as their propionyl derivatives. J Chromatogr 153:451-460

8. 3-Methoxy-4-hydroxyphenyläthanol (MOPET)

H_3CO

HO–⟨benzene⟩–CH_2-CH_2-OH

Messiha FS, Raval RP (1973) Fluorometric determination of 3-methoxytyramine and 3-methoxy-4-hydroxyphenylethanol. J Pharmacol 25:184-185
Muskeit FAJ, Jeuring HJ, Ader J-P, Wolthers BG (1978) Identification and quantification of 3-methoxy-4-hydroxyphenylethanol (MOPET) in human cerebrospinal fluid and rat brain by means of gas chromatography-mass spectrometry. J Neurochem 30:1495-1499

9. 3-Methoxy-4-hydroxymandelsäure (Vanillinmandelsäure-VMA)

H_3CO

HO–⟨benzene⟩–C(H)(OH)-COOH

Pisano JJ, Crout RJ, Abraham D (1962) Determination of 3-methoxy-4-hydroxymandelic acid in urine. Clin Chim Acta 7:285-291
Vahidi A, Roberts HR, San Filippo Jr J, Siva Sankar DV (1971) Paper-chromatographic quantitation of 4-hydroxy-3-methoxymandelic acid (VMA) in urine. Clin Chem 17:903-907
Karoum F, Gillin JC, McCullough D, Wyatt RJ (1975) Vanilmandelic acid (VMA), free and conjugated 3-methoxy-4-hydroxyphenylglykol (MHPG) in human ventricular fluid. Clin Chim Acta 62: 451-455
Sjöquist B (1975) Mass fragmentographic determination of 4-hydroxy-3-methoxymandelic acid in human urine, cerebrospinal fluid, brain and serum using a deuterium-labelled internal standard. J Neurochem 24:199-201
Yoshida A, Yoshioka M, Tanimura T, Tamura Z (1976) Determination of vanilmandelic acid and homovanillic acid in urine by high-speed liquid chromatography. J Chromatogr 116:240-243

10. Tryptamin

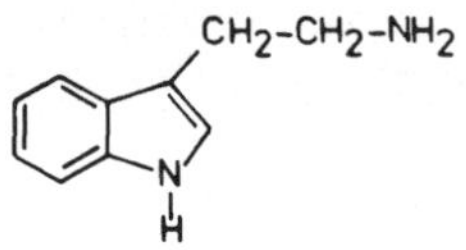

$CH_2-CH_2-NH_2$

N

H

Eccleston D, Ashcroft GW, Crawford TBB, Loose R (1966) Some observations on the estimation of tryptamine in tissues. J Neurochem 13:93-101

Saavedra JM, Axelrod J (1972) A specific and sensitive enzymatic assay for tryptamine in tissues. J Pharmacol Exp Ther 182: 363-369

Graffeo AP, Karger BL (1976) Analysis for indole compounds in urine by high-performance liquid chromatography with fluorometric detection. Clin Chem 22:184-187

Donike M, Gola R, Jaenicke L (1977) Nachweis von Indolalkylaminen nach selektiver Derivatisierung. J Chromatogr 134:385-395

Hiemke C, Kauert G, Kalbhen DA (1978) Gas-liquid chromatographic properties of catecholamines, phenylethylamines and indolalkylamines as their propionyl derivatives. J Chromatogr 153:451-460

Artigas F, Gelpi E (1979) A new mass fragmentographic method for the simultaneous analysis of tryptophan, tryptamine, indole-3-acetic acid, serotonin, and 5-hydroxyindole-3-acetic acid in the same sample of rat brain. Anal Biochem 92:233-242

11. 5-Methoxytryptamin

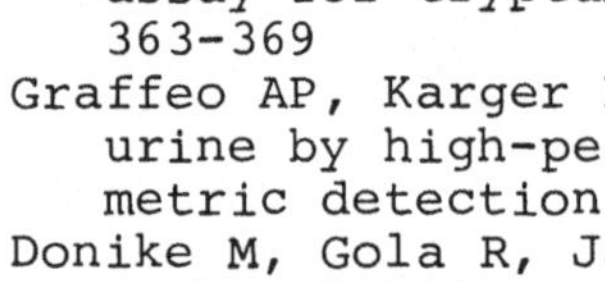

$CH_2-CH_2-NH_2$

H_3CO

N

H

Donike M, Gola R, Jaenicke L (1977) Nachweis von Indolalkylaminen nach selektiver Derivatisierung. J Chromatogr 134:385-395

Prozialeck WC, Boehme DH, Vogel WH (1978) The fluorometric determination of 5-methoxytryptamine in mammalian tissues and fluids. J Neurochem 30:1471-1477

Hiemke C, Kauert G, Kalbhen DA (1978) Gas-liquid chromatographic properties of catecholamines, phenylethylamines and indolalkylamines as their propionyl derivatives. J Chromatogr 153:451-460

12. 5-Hydroxytryptophan (HTP)

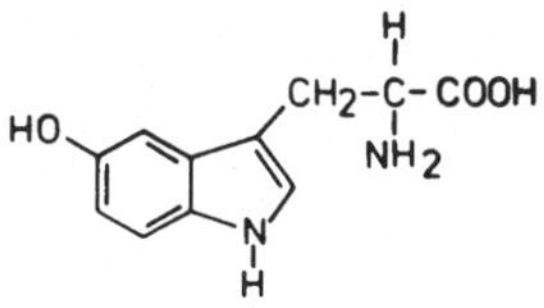

Atack C, Lindqvist M (1973) Conjoint native and orthophthaldialdehyde-condensate assays for the fluorometric determination of 5-hydroxyindoles in brain. Naunyn-Schmiedebergs Arch Pharmacol 279:267-284

Tachiki KH, Aprison MH (1975) Fluorometric assay for 5-hydroxytryptophan with sensitivity in the picomole range. Anal Chem 47:7-11

Joseph MH, Baker HF (1976) The determination of 5-hydroxytryptophan and its metabolites in plasma following administration to man. Clin Chim Acta 72:125-131

Donike M, Gola R, Jaenicke L (1977) Nachweis von Indolalkylaminen nach selektiver Derivatisierung. J Chromatogr 134:385-395

13. Melatonin

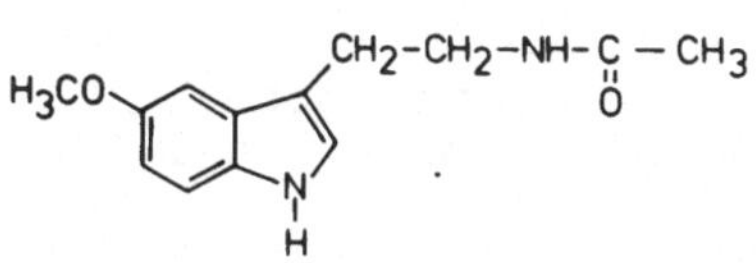

Pelham RW, Ralph CL, Campbell IM (1972) Mass spectral identification of melatonin in blood. Biochem Biophys Res Commun 46: 1236-1241

Cole ER, Crank G (1973) Tryptamines III. The estimation of melatonin in blood serum. Biochem Med 8:37-43

Wilson BW, Snedden W, Silman RE, Smith I, Mullen P (1977) A gas chromatography-mass spectrometry method for the quantitative analysis of melatonin in plasma and cerebrospinal fluid. Anal Biochem 81:283-291

14. Histidindecarboxylase

Ellenbogen L, Markley E, Taylor RJ Jr (1969) Inhibition of histidine decarboxylase by benzyl and aliphatic aminooxyamines. Biochem Pharmacol 18:683-685

Ritchie DG, Levy DA (1975) A microassay for mammalian histidine decarboxylase. Anal Biochem 66:194-205

Weinreich D, Yu Y-T (1977) The characterization of histidine decarboxylase and its distribution in nerves, ganglia and in single neuronal cell bodies from the CNS of Aplysia californica. J Neurochem 28:361-369

15. Cyclisches Guanosin-3', 5'-Monophosphat (cGMP)

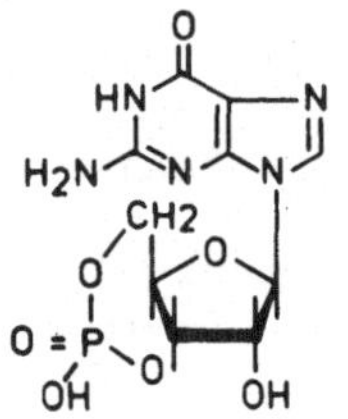

Kuo JF, Greengard P (1970) Cyclic nucleotide-dependent protein kinases. J Biol Chem 245:2493-2498
Murad F, Gilman AG (1971) Adenosine 3',5'-monophosphate and guanosine 3',5'-monophosphate: a simultaneous protein binding assay. Biochim Biophys Acta 252:397-400
Schultz G, Hardman JG, Schultz K, Davis JW, Sutherland EW (1973) A new enzymatic assay for guanosine 3',5'-cyclic monophosphate and its application to the ductus deferens of the rat. Proc Natl Acad Sci USA 70:1721-1725
Zimmerman TP, Winston MS, Chu L-C (1976) A more sensitive radioimmunoassay (RIA) for guanosine 3',5'-cyclic monophosphate (cGMP) involving prior 2'-O-succinylation of samples. Anal Biochem 71:79-95
Goldberg ML (1977) Radioimmunoassay for adenosine 3',5'-cyclic monophosphate and guanosine 3',5'-cyclic monophosphate in human blood, urine, and cerebrospinal fluid. Clin Chem 23: 576-580
Honma M, Satoh T, Takezawa J, Ui M (1977) An ultrasensitive method for the simultaneous determination of cyclic AMP and cyclic GMP in small-volume samples from blood and tissue. Biochem Med 18:257-273

16. Aufnahme (uptake) und Freisetzung (release) von Neurotransmittern an Synaptosomen

Coyle JT, Snyder SH (1969) Catecholamine uptake by synaptosomes in homogenates of rat brain: stereospecificity in different areas. J Pharmacol Exp Ther 170:221-231
Hershkowitz M, Goldman R, Raz A (1977) Effect of cannabinoids on neurotransmitter uptake, ATPase activity and morphology of mouse brain synaptosomes. Biochem Pharmacol 26:1327-1331
Ziance RJ (1977) Specificity of amphetamine induced release of norepinephrine and serotonin from rat brain in vitro. Res Commun Chem Pathol Pharmacol 18:627-644

17. Freisetzung von Neurotransmittern an isolierten chromaffinen Zellen

Hochman J, Perlman RL (1976) Catecholamine secretion by isolated adrenal cells. Biochem Biophys Acta 421:168-175

Schneider AS, Herz R, Rosenheck K (1977) Stimulus-secretion coupling in chromaffin cells isolated from bovine adrenal medulla. Proc Natl Acad Sci USA 74:5036-5040

Fenwide EM, Fajdiga PB, Howe NBS, Livett BG (1978) Functional and morphological characterization of isolated bovine adrenal medullary cells. J Cell Biol 76:12-30

Liang BT, Perlman RL (1979) Catecholamine secretion by hamster adrenal cells. J Neurochem 32:927-933

Alphabetisches Inhaltsverzeichnis

Studies of Brain Function

Coordinating Editor: V. Braitenberg
Editors: H. B. Barlow, E. Florey, O.-J. Grüsser, H. van der Loos

Volume 1
W. Heiligenberg

Principles of Electrolocation and Jaming Avoidance in Electric Fish

A Neuroethological Approach

1977. 58 figures, 1 table. XI, 85 pages
ISBN 3-540-08367-7

Contents:
General Physiologyical and Anatomical Background: The Electric Organ. Electroreceptors. Taxonomy of Electrolocating Fish. The Spectral Composition of Electric Organ Discharges. The Neuroanatomy of Electric Fish. – The Mechanism of Electrolocation: Spatial Aspects of Electrolocation. Response Characteristics and Central Projections of Tuberous Electroreceptors. Central Processing of Electric Images. Behavioral Measures of Electrolocation Performance. Electrolocation Performance in the Presence of Electric Noise and Mechanisms of Jamming Avoidance. Neuronal Mechanisms Linked to Jamming Avoidance and Electrolocation Under Jamming Conditions. Hypotheses and Results. Speculations on the Evolution of Pulse- and Wave-Type Electric Fish.

Volume 2
W. Precht

Neuronal Operations in the Vestibular System

1978. 105 figures, 3 tables. VIII, 226 pages
ISBN 3-540-08549-1

Contents:
Primary Vestibular Neurons. – Central Vestibular Neurons. – Vestibulocerebellar Relationship. – Vestibuloocular Relationship.

Volume 3
J. T. Enright

The Timing of Sleep and Wakefulness

On the Substructure and Dynamics of the Circadian Pacemakers Underlying the Wake-Sleep Cycle

1979. 103 figures, 2 tables. Approx. 290 pages
ISBN 3-540-09667-1

Contents:
Introduction. – A Description of Activity-rhythm Recordings and Their Implications. – The Pacemaker and its Precion. – A Class of Models for Mutual Entrainment of an Ensemble of Neurons. – A "Type Model" and its Behavior: Partial and Loose-Knit Mutual Entrainment. – Precision of Model Pacemakers. – Influences of Constant Light Intensity. – A Brief Detour: Further Thoughts About the Discriminator of the Models. – General Features of Entrainment: The Type Model. – Responses to Single Light Pulses. Part I: Nocturnal Rodents. – Responses to Single Light Pulses. Part II: Diurnal Birds. – Plasticity in Pacemaker Period: A Dynamic Memory. – Predictions from Coupled Stochastic Systems. – Further Predictions: A Modest Success and Two Problem Cases. – Morphology of the Models: Where is the Pacemaker? – A Reprise and Synopsis: On the Advantages of Apparent Redundancy. – Subject Index.